学術選書 090

宅地の防災学

都市と斜面の近現代

釜井俊孝

京都大学学術出版会

KYOTO UNIVERSITY PRESS

はじめに

本書は、拙著『斜面防災都市[1]』、『埋もれた都の防災学[2]』、『宅地崩壊[3]』に続き、都市の斜面災害を取り扱っている。振り返ってみると、平成は大災害の時代だった。二〇〇二年（平成一四年）に『斜面防災都市』を上梓してから、わが国の大都市は、二〇〇四年（平成一六年）中越地震、二〇一一年（平成二三年）東北地方太平洋沖地震、二〇一四年（平成二六年）広島土砂災害、二〇一六年（平成二八年）熊本地震、二〇一八年（平成三〇年）七月豪雨災害（西日本豪雨）、二〇一八年（平成三〇年）振東部地震等、深刻な災害を立て続けに経験した。この間、斜面災害の調査、対策技術は進歩したが、災害の現場では毎回、以前と同様の「既視感」のある風景が繰り返された。とりわけ、都市においては、斜面災害の複合的な原因が、より鮮烈に示された様に思う。つまり、山地で起きる斜面崩壊や地すべりは単なる自然現象であるが、都市ではそれに、社会問題が付け加わる。都市の斜面災害は、その原因が都市の成り立ちにある以上、単に科学技術を研ぎ澄ましただけでは、どうにも防ぎようのないことは明らかである。迷ったとき、たいていの答えは歴史の中にある。そこで、近代における日本の都市作りと土砂災害の関係史を辿ることで、現在につながる物語を探りたいと思ったのが、本書執筆の第一の動機である。

一方、わが国は人口減少、低成長の時代を迎えている。「膨張」を前提とした西洋近代を模倣する時代は終わり、都市づくりも転換点を迎えている。しかし、既に作ってしまった都市の取り替えはきかないし、既存の都市計画の慣性力も相当なもので、依然としてオールドファッションのニュータウンという逆説的な街が生み出されている。そして、こうした古いタイプの街（ニュータウン）では、斜面災害のリスク、特に谷埋め盛土の地すべりのリスクが存在し、今も再生産されている。そこで、これらのリスクが災害を引き起こした経緯やその結末を描写することで、都市のステークホルダーたち（住民、自治体、開発者など）に現実を直視していただきたいと思った。それが二番目の動機である。

つまり、現代の都市において、宅地は、無条件で安全な場所では無くなった。宅地を所有することは、その土地のリスクも背負いこむということである。それは、場合によっては人生の崩壊までもたらす危険なリスクかも知れない。しかし、そうした宅地所有のリスクに事前に気付く人はまれで、人々は持ち家を求めてやまない。都市に限らずわが国の戦後社会では、人々の防災に対する意識はきわめて希薄で、防災は政府・自治体の仕事、政府・自治体から言われない以上、何となく安全に違いないという雰囲気が支配的である。しかし、最近の広域化、激甚化する災害を見ると、それはあまりに楽観的過ぎる態度だろう。そこで、本書では、宅地に関する様々な不都合な現実を赤裸々に述べることにした。本来、住まいを決めることは、各人が生きていくうえで大事にしたいものを選択することである。本書が、読者の選択を助けるきっかけとなれば幸いである。

本書の内容は、全部で一一章と多岐にわたるため、序章、第Ⅰ部、第Ⅱ部、終章からなる構成とした。序章は前作の『埋もれた都の防災学』から連続する部分で、明治以前の宅地を取り巻く状況を述べている。

続く、第Ⅰ部（第1章〜第5章）では、明治からバブル崩壊までの宅地の状況と主な災害の関連を辿りながら、明治以降の西洋近代の模倣と戦後社会のアメリカ化が必然的にもたらした宅地の問題を描いている。それは、「持ち家社会」をキーワードに、宅地の災害を戦後史として語る試みでもある。第Ⅱ部（第6章〜第9章）では、ますます深刻化する宅地災害の状況を描いている。第6章と第7章では「遅れてきた公害」としての地震時の谷埋め盛土問題、第8章では激甚化する豪雨災害、第9章では最近、顕著になってきた建設残土の問題を取り扱っている。

最後の終章では、次世代に積み残された諸問題と令和の時代に期待される宅地防災について考えてみることにする。

また、本書では、記述の根拠と補足説明のため二〇〇に及ぶ脚注を設けた。また、本書の内容を理解するうえで前提となる知識のうち、主なものについては、八編の「基礎知識」で補った。また、少

（1）釜井俊孝・守随治雄（2002）：斜面防災都市、理工図書。
（2）釜井俊孝（2016）：埋もれた都の防災学——都市と地盤災害の２０００年、学術選書76、京都大学学術出版会。
（3）釜井俊孝（2019）：宅地崩壊——なぜ都市で土砂災害がおこるのか、ＮＨＫ出版新書582、ＮＨＫ出版。

し本筋から離れるが、理解を深めるのに役立つと思われるエピソードを八編のコラムとして紹介した。これらの点も本書の特徴と言える。これまで、斜面崩壊や地すべりに関する専門書や啓蒙書は多く出版されてきたが、本書の様に都市の斜面災害を系統的に解説した出版物はあまり無かった。本書が、都市に住む人々の役に立つ事を望んで止まない。

宅地の防災学◉目　次

宅地の防災学——都市と斜面の近現代

序章……近代以前

新地開発

江戸時代、江戸、大坂、京都は、幕府直轄地として特別な地位と規模を持っていた。これらは三都と呼ばれ、それぞれが、政治、経済、伝統文化の中心都市として異なる機能をもち、大都市として大いに栄えた。将軍家綱、綱吉、家宣、家継、吉宗の江戸時代中期（一六五一年～一七四五年）になると、都市内の高密度化とそれが招いた郊外開発により、三都は巨大化して行く。[4] 近現代の宅地開発と災害

（4） 高橋康夫ほか（1993）：図集　日本都市史、東京大学出版会。

という重い話題を始める前に、軽いエクササイズとして、そうした江戸時代の郊外開発（新地開発）の実態を簡単に見てみよう。

京都の場合、新地開発は、鴨川の寛文新堤の築造が一つのきっかけとなった。というよりも、この堤防築造の動機の一つが、郊外開発だったふしがある。[5] 寛文新堤は、一六六九年（寛文九年）に着工し、翌年に完成した。老中から所司代という異例の転任で上洛した、板倉重矩[6]の指揮で行われたので、京都では板倉堤とも呼ばれる。[7] ただし、洪水対策としては不徹底で堤防よりも護岸と言う方がふさわしい。しかし、蛇行によって川幅が拡がっていた鴨川を直線化し、同時に御土居堀[8]の撤去も進めたため、鴨川の周りを中心に新地ができた。御土居堀があった河原町通り周辺や東山の鴨東地域が代表的な新地で、今でいうウォーターフロント開発の様な状況が突然出現したのである。

こうした新地は、建仁寺や妙法院などの寺社領や雑色（町役人）領が多かった。この土地には人が住み着いてやがて町になって行くが、実際にその開発現場を担ったのは、「地面支配人」と呼ばれた一群の人々である。[9] 彼らの実態については良くわかっていない。しかし、町奉行所宛の願書（現在の開発許可申請）は、彼らの名前で出されているので、一定の財力を持った人々であったはずである。恐らく、初期に河原の耕作権を持っていた有力な農民や洛中の商人であったと考えられる。地面支配人は、領主間の複雑な権利調整や開発後の土地の管理（借地料の徴収、ゴミ処理、行政からの連絡事項の伝達など）を担っていた。現在の不動産デベロッパーと仲介業を兼ねた様な存在である。彼ら地面支配人たちの活躍の結果、鴨東は主に都市下層民や外部から流入する人々の新たな居住地となった。

こうした新地開発の仕組みは、現代と似ているが、大きく異なるのが、土地所有権の扱いである。領主は、新地を開発してもその所有権を譲り渡す、売り払うことは例外的であった。あくまでも、土地の借地料収入が目的である。つまり、流通したのは、土地の占有権（利用権）であった。この点、土地の分割と絶対的な私有が前提とされる現在の開発とは異なっている。[10] なお現在でも、墓地の取引にこの仕組みが残っている。

次に、大坂の事情を見てみよう。江戸時代、士農工商の身分制度はあったものの、大坂は事実上、商人達の町であった。全国の流通経済の中核として天下の台所となった大坂は、一七世紀後半から一八世紀前半にかけて、人口が急激に増加した。しかし、旧市街における新規の町屋敷創出は限界に達しており、新地の開発が必要とされていた。一六七二年（寛文一二年）の淀川の改修も、新地の拡大

(5) 吉越昭久（2006）：京都・鴨川の「寛文新堤」建設に伴う防災効果。
(6) 島原の乱で戦死した板倉重昌の長男。
(7) 吉越昭久（2006）：前掲。
(8) 京都を取り巻いていた、総延長二二．五キロメートルに及ぶ土塁と堀。一五九一年（天正一九年）に豊臣秀吉によって築かれた。これにより、洛中洛外の範囲が定まったと言われる。
(9) 日向　進（1990）：近世京都における新地開発と「地面支配人」、日本建築学会計画系論文報告集。
(10) 釜井俊孝（2016）：埋もれた都の防災学——都市と地盤災害の２０００年、京都大学学術出版会。

のきっかけになった。大坂における新地開発の特徴は、堀の開削とセットとなった宅地造成である。その結果、一七世紀前期に開削された道頓堀、長堀などを皮切りに、江戸時代中期から後期にかけて船場を中心に多くの掘割が開削され、新町が形成された。これら、掘割で区切られた新地を繋いでいたのが、「浪華の八百八橋」と呼ばれたおびただしい数の橋である。既存の領主層の代理人であった京都の地面支配人とは異なり、大坂での新地開発を担ったのは、由緒町人（町年寄）や開発町人と呼ばれる独立した有力商人であった。[11] 彼らは堀の開削を請け負う代わりに、両側の土地の使用権を得た。つまり、今で言うＰＦＩ[12]である。

一方、将軍のお膝元、江戸は、京都や大坂とはやや事情が異なる。江戸は、一五九〇年（天正一八年）の家康入部、一六〇三年（慶長八年）の江戸幕府成立をきっかけに都市開発がスタートした。その主眼は、江戸城と城下町の建設である。江戸城は本丸全体が盛土で築かれていて、大規模に地形をいじっている。[13] 壮大な城普請に対し、城下町は、あくまで将軍と大名旗本、つまり武士たちの消費を賄いサービスを提供することが、本来の機能という位置づけであった。そのため、都市建設のほとんどは、天下普請や各大名によって行われた「直営」工事であった。行政主導の都市建設という点では、現代の筑波研究学園都市と似ている。

江戸城下町の大部分は低湿地であったため、まず排水路を開削して、その土で盛土をつくるという形で街を作っていった。最初の排水路は、江戸城への物資搬入を目的に建設された道三堀（和田倉門

〜呉服橋）である。水路の周りには、商人や輸送業者、サービス業者が集まる。そのため、江戸で最初の町屋は、道三堀の両側にできた。紆余曲折はあったが、江戸は、ほぼ寛永年間（一六二四年〜一六四四年）には一応の完成を見た。ただし、その範囲は、ほぼ江戸城外堀の内側にとどまっていた。しかし、その頃には徳川の天下が定まって、江戸の人口は急増しており、「八百八町」を形成する過密状態となっていた。

超過密都市・江戸を焼き払ったのが、一六五七年の明暦大火であった。[14] 世に言う振袖火事[15]である。江戸城天守閣も消失したほどの大火だったが、江戸はこれによって大きく発展することになった。大火後の復興をきっかけとして、「風船の中身が飛び散るように」、江戸の都市域が大幅に拡大したのである。これには、幕府の防災都市を作ろうとする意志が大きく関係していた。まず、幕府は、防災用の火除け地を作るため、御三家を筆頭に大名屋敷を当時の郊外に強制移転させた。そのため、江戸は、芝・赤坂・市ヶ谷・牛込・小石川・下谷・本所・深川にまで広がったのであった。また、大きな寺も

（11）（財）大阪都市協会（1989）：まちに住まう――大阪都市住宅史、平凡社。
（12）Private Finance Initiative。民間の資金、能力を活用して公共施設の建設、維持管理、運営等を行うこと。
（13）芳賀ひらく（2012）：デジタル鳥瞰　江戸の崖東京の崖、講談社。
（14）内閣府防災担当（2004）：一六五七明暦の江戸大火、災害教訓の継承に関する専門調査会報告。
（15）ある娘の供養のため、焼いた振袖が舞い上がって火事の原因となったのでこう呼ばれている。

多くが移転させられ、谷中・麻布・下谷に新たな寺町が形成された。その結果、一七一九年には、町奉行所の支配下の町が九三三町を数え、人口は一〇〇万人に達し、世界最大の都市になった。一七四六年には、寺社の門前町も町奉行に移管され、江戸の町は一六七八町、人口一二〇万人に増加した。一八世紀後半には大江戸と称するようになり、上方文化に比肩し得るような、祭り、花火、御開帳などのイベントなど、華やかな祝祭に彩られた都市となったのである。

以上の様に、京都のエージェント方式に対して、大阪では民活、江戸では直営（官営）と都市開発の方式は三都三様であった。しかし、これらの三都には寺社を中心に多くの名所があった。京都では東山の古刹、大阪では四天王寺や天満宮（天満の天神）、江戸では浅草寺など、信仰と娯楽を兼ねた庶民の行楽の場である。これらの名所は都市の周縁にあることが多く、新たな開発地、つまり新地に近かった。そのため、新地の開発は、宅地開発に止まらず、寺社の門前に拡がる遊興地区を形成することに繋がった。現代にまで続く、新地＝歓楽街のイメージは、こうして作られたのである。一方、墓地も都市の拡大に伴って、周縁に移動させられた都市機能のひとつである。その結果、墓地と寺社門前の歓楽街が隣り合わせに立地する状況が生まれた。現代の各都市で見られるラブホテルの裏に墓地がある風景[16]は、こうした江戸時代の新地開発の過程を反映しているのかも知れない。

江戸の都市計画と斜面災害

江戸時代を通じて、都市の斜面災害に関する情報は少ない。この時代、豪雨や地震などの天変地異もあった。山の斜面では、崩壊も頻繁に起きていたはずである。したがって、災害記録の少なさは、斜面崩壊に巻き込まれた住宅や人が少なかったことを意味する。当時、江戸、大阪、京都の中に崖が無かったわけでは無い。しかし、敷地は今よりも余裕があったから、住宅は崖から十分な距離を取って建てられていた。崖崩れが起こっても、土砂が到達することは稀であったに違いない。農村においても、現代の様に、わざわざ土石流の通り道に住むことなど、当時としては考えられないことであった。しかし、なぜこうした効果的なリスク回避策が可能だったのだろうか？

確かに、江戸時代の都市の規模自体が小さく、都市人口も今ほど過密でなかった事も理由の一つである。しかし、最大の理由は、当時の土地制度にあるように思われる。現在では想像することが難しいが、江戸時代まで、土地は、武家、公家、寺社の「所領」か、百姓町人の「共有地」であった。しかし、所領といっても公的な性格が強く、年貢や地代を徴収する権利はあるが、原則的に売り買いは

（16）中沢新一（2012）：大阪アースダイバー、講談社。

図1●鹿児島市武の斜面。1993年鹿児島豪雨災害では、この斜面で多くの崖崩れが発生した。崖と手前の道路との間の緩斜面（矢印の部分）は、過去の崖崩れの崩壊土砂が堆積してできた地形で、1993年にも被災地となった。つまり、土砂の到達範囲（危険な土地）を地形から読み解くことができる。

できなかった。いわば、日本中の土地は公有が原則（厳密に言えば、将軍様のもの）であって、不動産としての流動性には制限があったのである。したがって、都市において一般町民は借家住まい、武士は拝領屋敷[17]が普通であった。

もし、崖下の住宅で災害が起きれば、家主（有力町人）や藩（幕府）の役人の責任が問われた。すなわち、危ないところには住まない、住まわせないという合理的な都市作りが、制度的に可能だったのである。例えば、薩摩藩の城下町鹿児島では、その典型的な例を見る事ができる[18]。鹿児島は、始良カルデラの内側に発展した町である。山側は崩れやすい火砕流（シラス）の急斜面であるため、過去から現在に至るまで何度も斜面災害に見舞われてきた。鹿児島中央駅西側の武町は、江戸期には鹿児島近在の農村であった。西郷隆盛は征韓論の政変で官を辞した後、ここに屋敷を構え、「武村の吉」として悠々自適の暮らしを送った。西郷屋敷から道一つ隔てた山側には、崖下から緩い斜面が続いている（図1）。この緩い斜面は、過去の崖崩れの土砂が作った斜面である。つまり、この緩斜面の領域には将来も土砂が届く可能性が高い。そこで、薩摩藩ではこの崖下の緩斜面を宅地とする事無く、雑木林や竹藪のまま放置し、薪や筍の採取場所として利用することが普通だった。[19] 西郷にとってみれば、山側には家が建たないわけで、隠棲するには好都合だったのかも知れない。しかし、明治以降になって土地の売り買いが自由になると、この緩斜面も住宅が立ち並ぶ宅地となり、「災害」が発生するようになった。つまり、都市の防災的土地利用という視点で見ると、現在の状況はむしろ江戸時代よりも後退している。本書では、これから、その状況と原因を探ろうと思う。

---

(17) 幕府が大名、旗本、御家人に支給した屋敷。陪臣には支給されなかった。今の公務員宿舎。

(18) 岩松　暉・原口　泉（1994）：しらす文化と自然災害史、第29回土質工学研究発表会特別セッション。

(19) 江戸後期に薩摩藩が編さんした三国名勝図絵に、西郷屋敷から少し離れた西郷家墓地付近の情景が描かれている。それによると、崖下に道と用水路が平行に通っており、それよりも崖側にあるのは神社と藩主別邸だけの様である（岩松暉：2019 私信）。

Column 1

坂の文化

都市の中の崖は、都市化が進むと一部は坂になった。坂はそもそも、古くからの尾根道、谷道を繋ぐ道である。したがって、坂は「奥」という異界へ続く、「境界」でもあった。境界には、境界の民俗があることは良く知られている。坂には、しばしば道祖神が見られる様に、土地の精霊が宿る禁忌の場所として畏怖され崇敬されてきた。坂になる前の崖・斜面が、しばしば葬送の地であったことの名残かも知れない。そうした場所は、一般に経済的価値は低いが故に、都市の内部に取り込まれた後も緩衝地帯として重要であった。

その後、都市は拡大し、尾根にも谷にも住宅が建ち並ぶ様になった。結果的に、開発は崖の直ぐ近くまで迫っている。その結果、崖が不安定化し、災害リスクの展示場の様になった坂もある（図）。

しかし、「奥は奥がかつてそこにあったことによって、あばかれたかたちにおいても存在する」[20]。だから、坂を含む崖地は、誰のものでも無い空間、公共性のある空間として認識されてきたのかも知れない。坂には様々な人々が来て、去って行く。それゆえ、坂の風景は、様々な文学を生んだ。「口縄坂は寒々と木が枯れて、白い風が走つてゐた。」は、大阪を舞台にした小説「木の都」（織田作之助）での描写である。東京の坂道にも江戸以来の由緒・来歴のあるものが多く、無縁坂は、鷗外の小説「雁」の舞台であった。こうした坂の風景は、京都の産寧坂のように、今では重要な観光資源となったものもある。坂の風情が人々に受けるのは、わが国だけでは無く、歴史ある観光地には必ず古い坂道がある。ローマのスペイン坂はその良い例である。人間は、歴史の中で豊かな坂の文化を育んできた。平坦なニュータウンが何となく落ち着かないのは、そこに坂が示す「奥」が無いからなのかも知れない。

図●上町台地西縁（大阪市）の坂周辺に見られる不安定化現象。愛染坂上（大阪市天王寺区）の学校の校舎。側面の壁に亀裂が認められる。亀裂の形状から、斜面方向（画面右方向）に向かう地盤沈下が想定される。校舎の変形は、1995年（平成７年）で進行した。

（20）槇文彦ほか（1980）：見えがくれする都市——江戸から東京へ、ＳＤ選書、鹿島出版会。

です（第８章「崖際開発」）。一方、大分県には、火山岩・火山噴出物が広く分布します。そのため、割れ目が発達したり、脆い岩石からなる崖が広く分布しています。こうした場所が、崖崩れ危険個所となります。さらに、毎年数多く発生する崖崩れの原因は、主に豪雨と言えます。最近の災害の傾向からも明らかなように、上位５県では、異常な集中降雨が発生する傾向があり、実際に深刻な災害が発生しています。

さて、本書で紹介する崖崩れ災害を、地質との関連でまとめると、①盛土の崖（第３章「崖に引っかかった地層」、「生田事故の衝撃」）、②柔らかい地層の崖（第３章「関東ロームの崩壊」）、③風化した岩盤の崖（第３章「横須賀ストーリー」、「湘南の変貌」）の三つに分類できると思います。先ほどの、真砂の崖崩れ（③）と火山噴出物の崖崩れ（②）も、この分類に当てはめることができます。

図●真砂（マサ）の崖崩れ。2001 年、芸予地震によって発生した（呉市）。

基礎知識１◆崖崩れと地質　その１

崖崩れは、「崖」と言えるような急斜面が浅く崩れる現象を言います。ただし、この「崖」には、自然の斜面だけでなく、切土や盛土などで人工的に作られた斜面も含みます。したがって、崖崩れと言った場合、単なる自然現象ではなく、人為的な影響も含まれる場合があります。基本的に浅い現象なので、崖崩れと地質の結びつきは、地すべりほど強いものではありません。しかし、崖に柔らかい地層や締まりの緩い地層、割れ目が多い岩盤が露出する場合は、崖崩れのリスクが高くなるので要注意です。

わが国では、平均すると毎年1000件程度の土砂災害（地すべり、土石流、崖崩れ）が起きています。このうち、崖崩れの数は他の土砂災害よりも圧倒的に多く、毎年、全体の半数以上、地すべりと土石流を合わせたよりも多く発生しています。危険な崖が全国にどれくらいあるか、はっきりとは分かりませんが、各都道府県が把握している急傾斜地崩壊危険個所の数が、一つの指標になると思います。平成15年に国土交通省がまとめたところによると、その数は、全国でおよそ33万箇所もありました。確かに、崖崩れが多発するはずです。

都道府県別の危険個所は、広島県が圧倒的に多く、以下、山口、大分、島根、兵庫の各県が続きます。つまり、東日本に比べて西日本に多いのです。それはなぜでしょうか？　これには、恐らく、地質（素因）と降雨（誘因）の二つ要因が影響を及ぼしていると考えられます。まず、中国地方の各県と兵庫県には、花崗岩が広く分布するという共通点があります。花崗岩は、風化して真砂（マサ）となります。真砂は読んで字のごとく砂そのものであり、この地域では、家の裏手に砂の崖ができるという状況が一般的です。砂の崖は、乾燥していれば急斜面を維持できますが、雨が浸み込むと容易に崩れるので、災害になるの

A

B

図●シラスとボラ
A：シラスの露頭（鹿児島市）。非溶結の火砕流堆積物で軽石のブロックを大量に含んでいる
B：ボラの露頭（鹿児島市）。中央の粗粒の部分（降下軽石、ボラ）は地形に沿って分布している

基礎知識 1◆崖崩れと地質　その2

シラスとボラは、南九州に特徴的なもので、シラスとは姶良カルデラ[21]から噴出した火砕流堆積物、ボラとは降下して地表に積もった火山灰の事です。シラスは未固結でサラサラの地層であり、真砂と良く似た性質を持っています。同じように、乾いた状態では強度が大きいので、厚いシラスの台地が浸食されると、高い崖ができます（本文図 1）。しかし、当然、水には不安定なので、集中豪雨によって崖崩れ災害が発生するわけです。また、台地の地表を開発する際、ボラが人工的に除去される場合があります。そうなると、斜面上のボラ（降下火山灰）がシラス（火砕流）の上を滑り落ちるタイプの崖崩れが発生します[22]（図）。このボラすべりは、火砕流台地ではシラスの崖崩れと並び、危険な崖崩れのタイプです。一方、段丘とは、昔の河床や海底が隆起した平坦な地形です。現在の河川や海岸の浸食によって、以前の河床や海底に貯まった未固結の堆積物が急崖を作ります。こうした段丘崖では、崖崩れが頻繁に発生しています。

まさに、「崖崩れの陰に地質あり」というわけですが、崖崩れの原因を知って、正しく対処すれば災害は未然に防ぐことができます。地学リテラシーが重要なのは、あらゆる土砂災害に共通して言えることだと思います。

---

(21)　錦江湾北部を形成する巨大カルデラ。約 3 万年前の破局的噴火（火砕流の噴出）で形成された。

(22)　岩松　暉（1996）：シラス災害―災害に強い鹿児島をめざして―、かだいおうち website。

第Ⅰ部　発生と拡大——都市と斜面災害の関係史

都市における斜面災害は、様々な矛盾の結果として、「都市の裂け目」[23]ともいうべき所で起きる。それは都市が発展する過程で、たまたま出来てしまった継ぎ目とも言える。したがって、注意深く観察すれば、災害が起きる場所はほぼ決まっているわけで、そうした場所がどうしてできたかを調べることが、都市の斜面災害を防止する上では大事である。そのためには、災害の発生に社会がどうかかわっていたのか、そして大災害によって社会がどう変わったのかを見ることが必要である。

わが国の都市は、明治維新を境に、その姿が根底から変わった。時代の精神であった、富国強兵と殖産興業の波に飲み込まれたためである。しかし、その後の都市の土砂災害を見ると、災害の発生にもっとも大きな影響を及ぼしたのは、実は、地租改正という土地所有制度の大変革であった。これによって、金さえあれば土地を購入し、また売却も簡単にできるようになり、産業としての宅地の開発と分譲が始まった。敗戦によって米国流のスタイルが持ち込まれ、戦後は「持ち家」という感覚が普通になる。しかし、それは同時に里山の過剰な開発という副産物を生んだ。その部分は第Ⅱ部のテーマである。

ここでは、まず明治維新まで遡り、平成のバブル崩壊までの宅地（開発）の変遷とそこで起きた土砂災害を駆け足で辿ろうと思う。それは、現代に繋がる災害と社会の関係史に他ならず、都市災害の本質的な原因を探る作業になるはずである。

（23） 藤田省三（1997）：写真と社会小史、みすず書房。

第1章……近代都市の試練と復興

都市の拡大とともに、街の外縁部で災害が頻発するようになった。しかし、斜面崩壊が都市問題になるには、一連の歴史的経緯と土地利用の変化が必要であった。それには、富国強兵、産業革命、震災、世界大戦、高度経済成長、バブル経済といった、わが国の近現代史が深く関わっている。長崎、呉、北九州の様な港湾都市で頻発する崖崩れも、その典型的な例である。

一方で歴史的大災害は、時にスナップショットの様にその瞬間の社会の有り様を切り取り、都市の構造を際立たせることがある。一九二三年（大正一二年）九月一日に発生した関東大震災や一九三八年（昭和一三年）七月の阪神大水害はそうした事件の代表例であった。ここでは、ようやく生まれた日本の近代都市が、災害の試練を受けながらもたくましく復興する様子を見てみよう。

富国強兵の遺産

軍港・呉の災害

広島県呉市は明治の半ばから軍港として栄えた街であり、戦艦大和の生まれ故郷でもある。三方を山地に囲まれ、前面に深い湾があるので、軍港・造船所の立地に適していた。この事は、同時に平地に乏しい事を意味する。江戸時代の約八千人から、わずか半世紀で約四〇万人にまで膨れあがった住民（ほとんどが軍人・労働者）の住宅は、周辺の急斜面や山麓の土石流扇状地に建設された。戦後、呉で起きた土砂災害の多くは、こうした場所で発生した。近代的な重要港湾建設を前提に進められた街作りが、逆に住宅の被害をもたらしたのである。こうした事情は、戦後の横須賀市や佐世保市、神戸市における災害事例と良く似ている。

戦後の呉市では、一九四五年の枕崎台風、一九六七年の七夕豪雨、二〇〇一年の芸予地震による災害が、特に記憶に刻まれている。枕崎台風では、住宅地背後の急傾斜地が、至るところで崩壊し、渓流の多くで発生した土石流が山裾に近い市街地を襲った（図2B）。これらにより、市内だけで一一

A

B

図 2 ●軍都の土砂災害

A：呉市鳥観図（吉田初三郎、昭和 10 年）（呉市史編さん室（2002）：呉市制 100 周年記念版　呉の歩み）

B：昭和 20 年（1946 年）枕崎台風による呉市の被害。市の中心部のほとんどが浸水し、泥の海と化した。周辺部の山地では、土石流が頻発し、山麓部は広く土砂で埋まった（データ：広島県砂防資料館）。基図は 1947 年撮影の米軍空中写真（国土地理院所蔵 USA-M731-19）。崩壊地とはげ山（白く見える部分）が稜線付近に広く分布している。

五六名が死亡している。この時の被害は、呉市以外でも顕著で、広島西郊の佐伯郡大野町（現・廿日市市）では、丸石川で大規模土石流が発生し、大野陸軍病院が土石流の直撃を受け複数の病棟などが全壊した。医療従事者、治療中の被爆者、京都帝国大学の調査関係者などを合わせて約一八〇名が犠牲になった。[25] また、宮島の紅葉谷川では、大規模な土石流が発生し、厳島神社に深刻な被害が出た。戦争中、燃料の欠乏を補うため、わが国では徹底した森林の伐採が行われた。松の根まで掘り起こされた結果、都市周辺の山々は、広範囲ではげ山化したのである。終戦直後、各地で頻発した激しい土砂災害には、こうした山の環境の悪化も強く影響を及ぼしている。

昭和四二年（一九六七年）七月には、停滞した梅雨前線を台風が刺激し、九州北部から神戸にかけて集中豪雨が発生した。呉市では、山崩れ、崖崩れ、土石流、河川の決壊、氾濫が発生し、負傷者五三五名、死者八八名の大災害となった。この災害をきっかけに、昭和四四年、急傾斜地法（急傾斜地の崩壊による災害の防止に関する法律）が制定され、崖地の対策が急速に進むことになった。[26] また、芸予地震では、旧市街で石垣の崩壊が頻発し、不適切な宅地開発によって擁壁が変形したケースも目立った。急速な人口増大による山際の無謀な開発は、わが国の他の都市でも見られるが、呉の場合はそれが約半世紀先んじて始まった点がユニークである。[27] 傾斜地住宅地のインナーシティ化という。呉市の課題は、今から数十年後には、わが国の大都市全体の課題となっているに違いない。

製鉄所の裏山

北九州工業地帯の歴史は、一八九七年（明治三〇年）に明治政府が国営第一号の製鉄所を八幡に決定したことから始まる。この地に製鉄所が作られたのは、筑豊炭田と一八八九年（明治二二年）に特別輸出港に指定された門司港に近く、原料の調達や製品輸送に便利な地点であったからである。その後、北九州市は、長く九州の玄関口であり続け、近代化歴史遺産の街となった。

一九五三年（昭和二八年）六月末、九州北西部一帯では活発な梅雨前線の豪雨により、洪水・土砂災害が発生した。六月二五日〜二八日までの総雨量は、六四六ミリに達した。九州のほぼ全域から山口県にかけての広域に激しい被害が発生したので、当時、「西日本水害」と呼ばれた。[28] 特に、門司市（現在の福岡県北九州市門司区）では、背後の山地、六六〇箇所で山崩れ・崖崩れが発生し、崩壊した

(24) 呉市消防局（1977）：呉市の火災と水災の記録、呉市防災協会。
(25) 石川大輔（2002）：一九四五年九月に発生した広島県丸石川土石流災害について、土木史研究22。
(26) 国立防災科学技術センター（1970）：昭和四十二年七月豪雨災害に関する研究、防災科学技術総合研究報告24。
(27) 釜井俊孝・守随治雄（2004）：二〇〇一年芸予地震による呉市都市域の斜面災害、日本地すべり学会誌40。
(28) 日本応用地質学会九州支部（2008）：九州の自然災害〜地盤災害を主として〜。

A

B

図 3 ●1953 年（昭和 28 年）西日本大水害における門司の被害。

A：関門トンネルに流れ込む濁流。線路上に土砂が厚く堆積したため、復旧に手間取った。（提供：毎日新聞）

B：門司郊外の風師山の崩壊と土石流。当時、「悪魔の爪跡」と称された。（毎日新聞、昭和 28 年 7 月 2 日紙面）

土砂が渓流伝いに流れこんだため、市街地は土砂や流木で埋め尽くされた。七月二日の毎日新聞に掲載された、門司港背後の風師山（かざしやま）の斜め空中写真は、この状況を如実に表している（図3B）。この時の死者行方不明者は一三三名に上った。[29] 近隣の八幡市（現在の北九州市八幡東区、八幡西区）でも、市街地で地すべり、山地では崩壊が多発し、死者行方不明者一六名を出した。この時、あふれた水が関門トンネル内に流れ込んだため、下関と門司の間は七月半ばまで不通となった（図3A）。昭和期でも顕著な災害として知られている。[30]

ただし、これだけの大災害となったのには、降水量だけで無く、この地域特有の事情があった。その原因は、産業の発展に伴う急激な人口集積、市域の拡大である。一八九一年の鉄道開通によって、門司の港は日本三大港と称されるまでの発展を遂げ、ビジネス街が形成され、商業施設も次々と作られた。しかし、平地は少ない。そのため、市街地は関門海峡に面する山側を這い上がる様に拡大した。また、八幡市でも製鉄所で働く多数の技術者・労働者が集まり、彼らの職員住宅が帆柱山や皿倉山の斜面を這い上がるように建てられた。[31] こうした所で、大量の雨が降ったのであるから、大規模な土砂災害の発生は言わば必然であった。呉や長崎の災害と同じ構図である。

(29) 門司市（1953）：豪雨災害（昭和二十八年六月発生）復旧援助懇請書。
(30) 力武常次・竹田厚監修（2007）：日本の自然災害、国会資料編纂会。
(31) 二四時間三交代で働く労働者のために、朝から酒屋で酒を飲む「角打ち」が始まった。

江戸から東京へ

明治になって人口が増えてくると、東京では、深刻な都市災害が発生するようになった。なかでも、一九一〇年（明治四三年）八月の関東大水害は、東京の下町に深刻な打撃を与えた。直接の引き金は、停滞した梅雨前線と二つの台風が持ち込んだ暖かい湿った空気である。これにより、七日～一一日までの五日間に、山地で三〇〇～七〇〇ミリ、平地で二〇〇～五〇〇ミリの雨量が広範囲にもたらされた。その結果、利根川・荒川の堤防は至る所で破堤し、明治期としては最大規模の洪水が関東一円で発生した。一七四二年（寛保二年）、一七八六年（天明六年）以来の大水害であり、埼玉県から東京都にかけての、関東平野の低地部の大部分が水没した。特に、東京都北区岩淵では荒川の水位が約八メートルも上昇するなど、荒川（隅田川）流域の被害が激しかった。

そもそも、江戸川（利根川）、荒川（隅田川）など大河川の河口を埋め立てて発展した東京は、江戸時代から水害に弱い土地である。そのため、幕府は、上流の関東平野中央部に中条堤[32]に代表される独特の治水システムを構築し、江戸を洪水から守ってきたが、この状況は、明治になっても基本的に変わっていなかった。宅地という点においても、基本的に江戸の都市計画を引き継いでいたので、多くの人口が水害のリスクの高い低地に集まっていたのである。しかし、明治以降の急速な近代化は、都市の集積度を飛躍的に増大させた。その結果、江戸時代には、空き地もしくは大名・旗本屋敷の庭園であった崖下や埋立地にも多くの住宅が建ち並ぶようになった。一九一〇年（明治四三年）の災害をより深刻にしたのは、こうした文明開化期から続く都市計画のチグハグさであったと言える。ただし、東京府下の死者・行方不明者は、五二名と水害の規模の割に犠牲者が少ない。これは、東京低地が江戸時代からの水害常襲地であり、人々が、いわば災害慣れしていたためと思われる。

ところで、この水害では、当時の状況を今に伝える水害写真の絵葉書が、多く残されている（図4）。災害絵葉書は、関東大震災でも見られた。これは、当時ようやく写真印刷が普及しだしたことに加え、東京在住者には地方出身者が多く、需要があったためである。当時はまだ電話が高価で、一般家庭にはあまり普及していなかった。そのため、写真絵葉書は自分の身辺で起きた事件を故郷の家族に伝える手段として安価で有効な手段であったのである。現代でいえば、写メの様なものだったかも知れない。

漱石の『坊ちゃん』が世に出たのは、この災害の四年前の一九〇六年（明治三九年）である。「坊ちゃんの時代[33]」の明治人たちは実に忙しく、防災にまで注力する余裕が無かった。しかし、この水害を

(32) 埼玉県熊谷市、深谷市の利根川に作られた江戸時代の堤防。洪水時、この付近で意図的に川を氾濫させ、江戸に至る洪水を軽減していた。広大な遊水地に住む人々にとっては苦痛を伴うが、幕府や明治政府の強権によって維持された。

図4●1910年（明治43年）関東大水害によって崩壊した神田明神の崖（災害絵葉書より）。写真に神職らしい人物が崖上に写っている。神田明神の東側には、上野不忍池に続く急崖が連続している。この崖を上る急な石段が、町火消たちが奉納した明神男坂で、崖崩れの発生場所は男坂より北側の斜面と思われる。画面手前に続く明神下には、かつて銭形平次が住んでいたと言われている。

受けて、政府はようやく利根川、荒川の本格的な治水に乗り出すことになる。高く連続する堤防、そして、荒川放水路、江戸川放水路の建設である。中条堤の再建は、上流と下流の対立を招き、もはや、それに頼る治水では持たない時代になっていたからである。しかし、放水路の工事は、結局一七年余りもかかり、一九三〇年（昭和五年）に完成した。なお、その工事の最中である一九一七年（大正六年）には、再び高潮災害が東京湾一帯で発生し、中世以来の行徳塩田が壊滅した。しかし、こうした度重なる水害にもかかわらず、東京の中心は、いぜんとして皇居

（江戸城）よりも東の東京低地にとどまり続けた。東京の宅地において、新宿、渋谷など江戸の西郊の重要性が増すのは、次の大震災以降のことである。

関東大震災――江戸の終焉、住まいは西へ

一九二三年（大正一二年）九月一日、大正関東地震が発生した。マグニチュード七・九と大規模で、「関東大震災」と呼ばれる深刻な被害を関東一円に引き起こした。特に、人的被害は甚大で、約一〇万五千名と言われている。それらの原因は、主に、東京・横浜の家屋倒壊と火災であるが、崖崩れや地すべりも発生した。ただし、この時の斜面災害は、被害の規模や数の点では限定的であり、社会に深刻な影響を及ぼすものではなかった。しかし、それらは、明治維新以降、東京・横浜・横須賀等で進行していた近代都市の建設と斜面問題の関係を顕わにした。ここでは、震災による都市部の斜面災害について述べる。

（33）関川夏央・谷川ジロー（1987）：坊ちゃんの時代、双葉社。

東京・横浜の崖崩れ

東京では、上野公園の周辺など、武蔵野台地縁辺部で、関東ローム（火山灰）の浅い崩壊が各所で発生した。御茶ノ水運河は崖崩れで閉塞し、崖際を通っていた甲武鉄道の線路が巻き込まれた。また、水際での被害も顕著で、江戸城掘割の石垣も崩壊し、市ヶ谷（江戸城の堀）や多摩川の土手で、側方流動が発生した[34]。

一方、横浜では、本牧山手台地、保土ヶ谷台地の縁辺部を中心に、市内の七八箇所で崖崩れが発生し、住宅一〇六戸が埋没か倒壊の被害を受けた。山手台地東端の「見晴らし」では、高さ一五メートル、幅一〇〇メートルにわたる、やや大規模な崩壊が発生し、崖上の住宅三戸が転落する被害が発生した。元町二丁目背後の通称百段階段でも山手台地頂部から階段全体を巻き込む崩壊が発生し、崖下の十数戸が土砂に巻き込まれ、死傷者を出した[35]。また、戸塚や野毛坂の道路切通しでも崩壊が発生し、各所で道路が不通となった。野毛坂の崩壊を写した当時の写真を見ると、崩壊面に泥岩と思われる地層が露出し、岩塊を含む土砂が道路を埋めている（図5A）。地震以前、ここでは道路の勾配を緩くするため深く掘り込まれ、高く急な切土斜面ができていた。そのためこの場所では、台地を構成する地層全体（関東ローム～上総層群）を巻き込む、やや大規模な崖崩れが、発生したと思われる[36]。

横須賀の深層崩壊

横須賀では、国鉄横須賀駅から市の中心部に向かう道路際（現在の汐入町）の斜面が崩壊した。当時の被害を伝える碑文によると、「本市は丘陵到る所波涛の如く起伏せるため、崖地の崩壊殊の外多く、之がため人畜の死傷も亦少なからず。其内主なるものを挙ぐれば、湊町見晴山の停車場の通路に沿える高さ十丈（約三〇メートル）、厚さ十数間（約二〇～三〇メートル）、長さ四丁（約四四〇メートル）に亘る大崩壊は、道路及び道路を隔てて海軍軍需部構内の一部と、通行人五十名とを埋没し、……」とある。この崩壊を撮影した写真を見ると、逗子層の泥岩と思われる多数の岩塊が、崖下にうず高く堆積している（図5B）[37]。この状況と厚さが二〇～三〇メートルという記述から、この崩壊は、逗子層に多く発生する豪雨時の表層崩壊とはメカニズムが異なり、現代で言う深層崩壊に近いものであったと考えられる。同様の崩壊は、市中心部の諏訪公園周辺でも発生した。戦後、汐入町付近はど

(34) 内務省社会局（1986）：復刻版大正震災誌、雄松堂出版。
(35) 内務省社会局（1986）：前掲。
(36) 桝井照蔵（1925）：大正一二年九月一日大震災記念写真帖、神奈川県震災写真帖頒布事務所。
(37) 日本聯合通信社（1923）：関東大震災写真帖、日本聯合通信社出版部。

A

B

図 5 ●1923 年関東地震による南関東の都市域における斜面災害

A：関東大震災における神奈川県横浜市野毛の切通し(36)

B：関東大震災における神奈川県横須賀市湊町の大崩壊。多数の岩塊が堆積している。(37)

ぶ板通りと呼ばれる米軍相手の繁華街となり、崖下にまで住宅が建ち並ぶ様になった。

大東京と大大阪

現在の東京二三区の原形となる特別区は、一八七八年（明治一一年）、東京市に新宿区（一部）、文京区、台東区、墨田区（一部）、江東区（一部）などの一五区を設置したのがはじまりである。一方、特別区に属さない地域は、品川、内藤新宿、板橋、千住のかつて四宿とよばれた街道宿場町を除き、純然たる農村地帯であった。この地域は、荏原郡、南豊島郡、東多摩郡、北豊島郡、南足立郡、南葛飾郡の六郡三八〇余の町村で、下町、山の手の消費地を支える郊外としての役割を担っていた。この一五区六郡が、ほぼ現在の二三区の範囲に相当する。

大正の大震災は、こういう状況の東京で発生した。菊池寛は、「震災は結果に於いて一つの社会革命であった」と述べている。[38] 実際、震災は江戸の町割の残滓を一掃し、東京が近代都市として発展するきっかけとなった。同様の事例は、わが国の大都市ではしばしば起きた。例えば、明暦の大火後、復興の過程で江戸は一層発展した。戦災の焼け野原からの急速な復興も同様である。井伏鱒二は、自

（38）菊池　寛（1923）：災後雑感、中央公論。

身の実感として「関東大震災で東京は急に変化して、太平洋戦争でまた締めあげられたように変わった[39]」と述べている。実際、震災後、義援金を基に設立された同潤会が、鉄筋コンクリートでハイカラなアパートメントを建設し、一方では、今和次郎のバラック装飾社が、斬新なデザインで街を飾った。モダン東京は、こうして震災の廃墟の中から誕生した。

震災後のモダンの風は、宅地開発にも大きく影響した。すなわち、以前はほぼ山手線の内側に限られていた東京の「山の手」は、震災をきっかけに西側に大きく拡大し、田園調布、自由が丘、成城等の住宅地が形成されていった。こうした西への人口重心の移動に対応するため、震災から九年後の一九三二年（昭和七年）には、周辺五郡八二町村を東京市に編入し、これを改編して新たに二〇区を設置した。市域は、それまでの一五区と合わせて三五区となり、面席は約八倍となった。いわゆる「大東京市」の成立である。しかし、新たな二〇区を新市域、当初からの一五区を旧市域と呼んで区別する習慣はしばらく残った。

大震災は、都市のありようを変貌させたが、その影響は、関東だけに留まらなかった。東京・横浜で被災した人々の一部が、転居したため、震災後に関西圏の人口が急増した。阪神間に移り住んだ谷崎潤一郎もその一人で、転居後、『細雪』、『春琴抄』など大阪や阪神間を舞台にした名作を書いた。一九二五年（大正一四年）、大阪市は市域を拡張し、人口で首都の東京市を抜いて全国一位となった。昭和初期まで続いた、大大阪時代の到来である。天下の台所と称された近世以来の豊かな経済基盤のもとに、商業、紡績、鉄鋼などの産業が発展し、文化、芸術の中心地として近代建築がひしめく街をモボ・モガが闊歩する華やかで活気にあふれた時代であった。神戸や京都との間を結ぶ私鉄網が発達し、沿線の宅地開発が急速に進んだ。

しかし、一九三〇年（昭和五年）から始まる昭和恐慌により、大阪は、基幹産業の繊維や金属産業に大打撃を受け、人口、経済のあらゆる面で東京の後塵を拝することになる。その後の大阪は、東京を上回ることは無く、一九六〇年代以降は両者の差が大きく開くようになった。その結果、現在に至るまで、東京一極集中の時代が続いている。

（39）井伏鱒二（1982）：荻窪風土記、新潮社。

災後の都市——郊外住宅地の発展

田園都市と耕地整理組合

明治末期から大正初めにかけて、わが国の都市計画業界ではエベネザー・ハワードの「田園都市」[40]が流行した。当時、大阪や東京では、ハワードの英国世紀末と同様、工場の集中による環境悪化、人口集中による過密な住環境が問題となっていたからである。ただし、わが国の関係者の理解は、ハワードの提唱したガーデンシティとは相当異なっていた。すなわち、ハワードは職住一体の自律的なガーデンシティを提案していたが、わが国の田園都市は単に郊外のベッドタウンに過ぎない代物であった。

それでも、中産階級の郊外居住を促進する手段として、東京や大阪の財界人が中心となり、いくつかの田園都市が、民間デベロッパーの事業として開発された。東京では、田園都市株式会社によって東急沿線で展開された洗足田園都市と田園調布、大阪では大阪住宅経営株式会社による千里山住宅、松原住宅などが代表的な日本型田園都市である。[41] 次項で述べる全国の学園町も特殊な形態の田園都市と言える。明言はされていないが、小林一三もハワードの影響は受けていたはずなので、池田室町も日本型田園都市の一つとして考えて良いだろう。実際、小林一三は宅地開発の素人集団だった田園都市株式会社に匿名で経営ノウハウを提供し[42]、田園調布の開発と鉄道建設（後の大井町線）を実質的に指揮している。

しかし一旦、田園都市のような都市域が農村地帯に出現すると、その周縁部では様々な弊害が生じた。代表的な問題は、スプロール化である[43]。ことに一九二三年（大正一二年）の関東大震災を機に、市域の周辺部に居を移す人が相次いだため、無秩序に工場・倉庫・住宅などが進出し、農地は虫食い状態となり、農村の秩序は少しずつ崩れていった。下水道の整備が追いつかない場合、農業用水路に、家庭排水やゴミが流入し、下水化するケースも発生した。そうなると、大雨の度に水路が溢れて洪水が発生した。スプロール化の大きな原因となったのが、農民による土地の売り惜しみである。当初、

（40） Ebenezer Howard（1902）：Garden Cities of Tomorrow, Swan Sonnenschein, London. 環境の悪化と貧困が拡大していた大都市を離れ、郊外の田園地帯に数万人規模の職住近接の都市を作る構想。ロンドン郊外のレッチワースやウェリンなどの都市が実際に建設され、その後の都市計画に大きな影響を与えた。
（41） 片木篤・藤井陽悦・角野幸博（2000）：近代日本の郊外住宅地、鹿島出版会。
（42） 一九二一年（大正一〇年）、田園都市株式会社の役員に就任。名前も出さず、報酬も無し、役員会出席は月一度だけという条件だった。
（43） 都市の郊外に無秩序・無計画に宅地が伸び広がっていくこと。

デベロッパーは安く農地を買い取れていたが、開発した宅地が高く売れるとわかったので、農民の側は土地を簡単に手放さなくなった。結局、デベロッパー側の採算が取れなくなり、途中で計画縮小された日本型田園都市も多い。

そこで、農民の側からも自分達の手で秩序ある宅地開発を行おうとする機運が盛り上がった。震災後、宅地の需要は高まる一方だったので、農地を整備して宅地化すれば地価は上昇し、大きな利益が見込めるに違いなかった。特に、農地の宅地化に積極的だったのは、時代の流れに敏感だった都市近郊の大地主たちであった。その際、根拠となったのが一八九九年（明治三二年）に制定された耕地整理法である。耕地整理とは、地主（必ずしも農民とは限らない）が集って耕地整理組合を設立し、それを事業主体として耕地区画を整形し、直線化した道路および区画（将来の街区）を作り出そうとする事業である。その際、小さく分散化した土地を集約し、共同減歩によって車の通れる道路や公園用地を生み出すことが可能だった。法律の趣旨からすれば、耕地整理法の適用対象は農地のみである。しかし、実際には一九五四年（昭和二九年）に（旧）都市計画法を根拠とした区画整理事業が始められるまで、この方法は事実上の都市街区形成手法として機能した。事実、各地の田園都市においても、土地を買い集めたデベロッパーが、自分達を中心とする耕地整理組合を組織し、建前としての耕地整理の一環として、宅地造成を行う手法が良くとられた。[44]

東京の郊外では一六〇〇もの耕地整理組合が作られた。対象地域は、約二六〇〇万坪にも及ぶ。東京南西部で最も盛んで、玉川全円耕地整理事業が代表的成功例である。この事業は、田園調布・自由が丘を含む農村地帯で行われ、面積が現在の世田谷区の四分の一、約三〇〇万坪に及ぶ都市計画史上の大事業であった。これによって、世田谷南部から目黒区南部にかけて、整然とした街並みが実現し、今でも深沢、奥沢、等々力、尾山台、八雲（目黒区）などは、高級住宅街として知られている。玉川村の村長として事業をリードした豊田正治をはじめ、大地主たちに時代を読む目があったわけである。[45]

しかし一方、これらの「先進的」宅地開発では、台地を刻む谷の処理が問題だった。碁盤の目状の道路網によって分譲のための区画を作りたいのであるが、崖の傾斜が急すぎて、道路をまっすぐに通せないからである。そこで、小さな谷の多くは、谷ごと土砂で埋められ、平坦化された。機械力が乏しい時代の盛土であるので、排水機能も乏しく、品質は悪い。第Ⅱ部で詳しく述べる様な、現在に繋がる谷埋め盛土地すべりのリスクは、この時から始まったと言える。また、谷筋が広すぎて全部を埋められない場合は、側部だけを腹付け盛土で埋めて谷壁の勾配を緩やかにし、谷の中央部はそのまま残す方式も取られた。現在、これらの整然とした住宅街は、高級という世間一般のイメージがある。しかし、そのために、多数の谷埋め盛土を作る必要があり、一部では高い災害リスクも抱え込むこと

(44) 池端裕之・藤岡洋保（1999）：東京市郊外における耕地整理法準用の宅地開発について、日本建築学会計画系論文集 518。
(45) 世田谷区等々力の玉川神社境内に記念碑とレリーフがある。

A

B

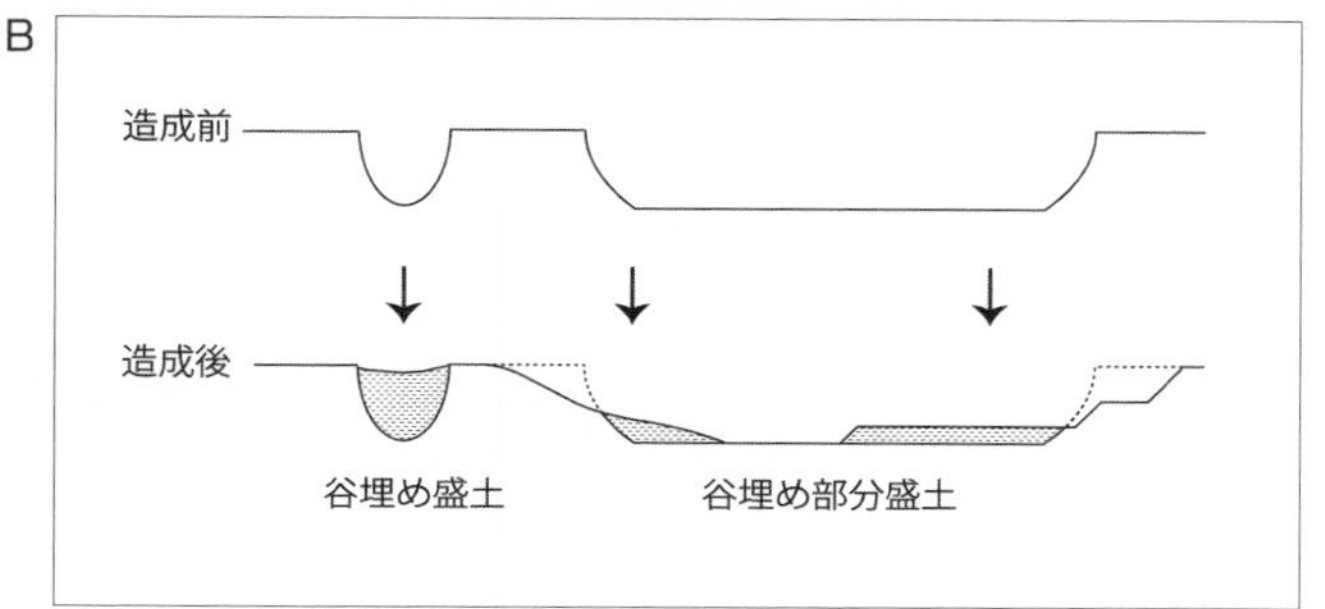

図 6●東京都南部における宅地開発

A：昭和 2 年（1927）における玉川全円耕地整理（世田谷区奥沢 7 丁目）の状況（HP「写真が語る沿線」目黒区編から転載）。玉川全円耕地整理は、土地所有者たちが行った宅地開発であった。ここでは、台地を削った土をトロッコで運び、低地を埋めている。埋められた低地は、泥炭が厚く堆積しているような軟弱な湿地であった。泥炭は乾燥させれば燃えるので、掘り起こして乾燥させ、戦時中は「草炭」と称して、燃料として販売していた（地元の古老談）。

B：宅地開発のモデル断面図。区画を碁盤の目状にするため、谷埋めが広く行われた。小さい谷は完全に埋められたが、上記 A の様に幅の広い谷の場合、谷埋めは一部にとどまった。

になったのである（図6）。

一方、東京の旧市域やその周辺では、以前から谷の中に町屋や御家人屋敷、養魚池などがあって、都市的空間と呼べるような谷筋が点在していた。[46] そうした谷は埋めることができない。その結果、台地の上に住宅が立ち並び、台地際の急崖（谷壁）の直下に住宅が密集する状況が出現した。戦後、こうした場所では、擁壁や石垣が老朽化し、崖崩れのリスクが浮上することになる。

学園町の誕生

二〇一七年、愛媛県に獣医学部を誘致する問題で世間が騒がしい。しかし、同様の大学と郊外を巡る錬金術は、宅地開発の歴史の中で、より大規模に繰り返されてきた。大きなきっかけとなったのが、一九一八年（大正七年）の大学令の制定である。それ以前、大学は国立の総合大学、つまり帝国大学に限られていたが、この年の大学令によって単科大学、私立大学の大学昇格が可能になり、大学の数が大幅に増加した。ただし、大学に昇格するにはそれに相応しいキャンパスが必要である。こうして、大都市にまとまった土地需要が生まれた。しかし、既に大都市の内部は満杯で十分な面積の用地確保

(46) 岡本かの子（1937）：金魚繚乱、中央公論社。

は難しい。そこで、郊外に目が向けられた。デベロッパーの側も大学のある街ということになれば、無味乾燥の造成地に文化的なイメージが加わり、高級宅地という付加価値がつく。ここに、大学とデベロッパーの利害が一致し、全国に大学を核とする学園町が誕生した。

おりしも、東京都心では、二つの有力高等教育機関の移転話が浮上していた。神田一橋にあった東京商科大学（現、一橋大学）と蔵前の東京高等工業学校（現、東京工業大学）である。この二校の移転は、デベロッパーと地域住民を巻き込んでの騒動を関東大震災後の東京に引き起こした[47]。それらの騒動の過程とその結末についてみてみよう。

東京商科大学は、既に一九二〇年に大学昇格を果たしていた商学、経済学の名門である。これに目を付けたのが堤康次郎の箱根土地株式会社であった。箱根土地株式会社（後の株式会社コクド）は、戦前の有力デベロッパーの一つで、西武グループの中核企業であった。一九二二年に目白文化村、一九二四年に大泉学園と小平学園を開発し、分譲を始めていたが、肝心の大学の誘致に失敗していたため、東京商科大学は何としても手に入れたいブランドだったのである。それゆえ、箱根土地株式会社が大学側と合意した条件は破格だった。まず、中央線の新駅（現在の国立駅）を作り、駅前の約三万五〇〇〇坪の土地を一橋の土地一六二五坪と交換、更に追加で約三万五〇〇〇坪をタダで提供するという大盤振る舞いである。この条件によって、話はとんとん拍子に進み、震災から二年後の一九二五年（大正一四年）には地元、政府巻き込んでの開発がスタートした。

もちろん、この「国立学園町計画」は、西武側にもうまみがある計画で、大学用地の他に周辺約一〇〇万坪という広大な土地を入手、学園都市の付加価値を付けて売ることで、多額の利益が転がり込む目算であった。この計画は一部成功したが、一九二九年（昭和四年）には、世界恐慌の波がわが国にも及び、昭和恐慌となった。このため、その後は分譲地の売れ行きが伸びず、会社の経営状態は悪化した。買収代金の支払いにも事欠く状態で、地元とのトラブル[48]も発生し、国立の歴史に汚点を残した。やや強引な開発手法が招いた結果と言える。

もう一つの有力高等教育機関、東京高等工業学校の大学昇格は遅れていた。帝国大学の工学部新設を優先したい文部省の意向である。これに対し、学校側は激しい昇格運動を展開した。学生も「昇格の叫び」という歌まで作って運動を後押しし、紆余曲折はあったが、ライバルの東京商科大学に遅れること三年、一九二三年には念願の大学昇格を果たせるはずであった。しかし、同年に発生した震災によって蔵前の校舎は甚大な被害を受け、大学昇格は一九二九年まで延期となる。

昇格は延期になったが、校舎は焼けてしまったので、学校側は新しい用地を確保しなければならな

(47) 木方十根（2010）：「大学町」の出現――近代都市計画の錬金術、河出ブックス。

(48) 箱根土地株式会社からの支払いの遅れを巡り、裁判や暴力事件が起きた。これにより、旧来の谷保村の村民（主に農民）と新開地の国立の住民（主にサラリーマン）との間の溝は更に深まった（一橋新聞、二〇一七年三月二九日記事）。

図7●東京工業大学本館（1932—35年、登録有形文化財）（東京都世田谷区大岡山）。本館の建物自体は、台地の上に建っているが、手前の広場は右手から続く小さい谷の頭部で、道路を含んで左側は谷埋め盛土である。造成の際、完全に平坦化せず、緩やかなスロープを残した。谷埋盛土部分を緑地とすることで、リスクを回避すると共に本館の美しさを際立たせる効果を狙っている。

い。しかも、その土地は将来の大学に相応しい規模である必要がある。そこで、学校側は大手デベロッパーの田園都市株式会社と交渉を開始し、田園都市株式会社が持っていた大岡山の約九万一〇〇〇坪の土地と蔵前の学校用地一万二〇〇〇坪を交換することで話がまとまった。こうして、一九二四年一月、東京高等工業学校の大岡山移転が決まった。

一方、蔵前の土地は、直ぐに復興局によって買い上げられ、田園都市株式会社は莫大な差益を得た。この頃、田園都市株式会社は、鉄道部門を目黒蒲田電鉄として分社化し、内閣鉄道院にいた五島慶太が経営を見る事になった。

彼は、蔵前の土地売却で得た差益で武蔵電気鉄道の株を買い占め、目黒蒲田電鉄と合併させて東京横浜電鉄とした。五島慶太流のＭ＆Ａと東急電鉄のはじまりである。

大岡山の土地は、半分以上が湿田と斜面であり、当時の技術ではあまり建築に向かない土地だった。したがって、その後、学校側は、建物の配置や構造に相当苦労することになる。しかし、その事が逆にキャンパスに陰影をもたらす結果になった。斜面の有効利用という点において、現代の建築にも重要なヒントを与えている（図7）。

月給取りの街

大学令によって門戸が拡がったこともあり、高等教育の学生数は、一九二〇年から一九三〇年までの一〇年間に約二・五倍も増加した。更に、高等教育予備軍である中学、高等女学校志願者も、大正時代半ばからうなぎ登りに増加した。大正時代半ばから昭和初期は、こうした分厚い知識階級、知識中間層が社会に登場し、「知識」や「文化」がトレンド化した時代であった。サラリーマンという言葉も大正時代終り頃に登場した。高等教育を受けた者たちの多くが、サラリーマンとなったからである。彼らは、一九二六年（大正一五年）からの円本ブーム[49]を支え、一九二七年（昭和二年）に創刊された岩波文庫の読者層になった。かくして、和製英語のサラリーマンは、昭和になるとインテリとほぼ同義語になった。

サラリーマン＝インテリの住まいとして、学園町は相応しい。大学を核とする学園町は、阪急の「模範的郊外生活」同様、宅地とライフスタイルを大衆レベルで結び付けたビジネスモデルであった。開発当社は荒涼とした風景が拡がっていた学園町であるが、現在では多くが良質な住宅地となっている。同じ頃開発された、田園都市も、今では高級住宅街となっている例が多い[50]。これらは、開発当初の理念が生き続け、地域社会によって誇りを持てる街づくりが行われてきた結果である。また、東京工業大学大岡山キャンパスの様に、地形と風致に配慮した開発もこの時代の特徴であった。大正時代のデベロッパーは、自分達の活動に、多少なりとも社会的意義を見いだそうとしていたと言えるかも知れない

阪神間モダニズムと大土石流

神戸は、日本を代表する港湾都市であり、早くから西洋近代を輸入した場所である。しかし、六甲山麓に拡がる神戸とその周辺都市では、開港以降、再三、土砂災害が発生してきた。神戸、芦屋、西宮といった阪神間の都市は、そうした土石流がもたらした扇状地の上に拡がっている。一方、この地

では阪急・阪神の私鉄沿線を軸に、わが国初の近代的都市生活文化、阪神間モダニズムが花開いた。しかし、昭和になると、土石流災害は激しさを増し、都市機能にも影響を与えるようになる。ここでは、阪神間の宅地開発とその顛末を見てみよう。

阪急モデル

一九一八年（大正七年）、箕面有馬電気軌道は、阪神急行電鉄に改名し、阪急となった（図8）。一九二〇年（大正九年）には、神戸線を開業し、輸送力は一気に増大、梅田の阪急ビルに食堂も開いた。後年、カレーライスが名物となる阪急百貨店食堂の端緒である。

宅地開発は、一九〇九年（明治四二年）に池田市室町の呉服神社周辺、二万七〇〇〇坪の用地を買収し着手した。販売は、一九一〇年（明治四三年）の開業に合わせて開始した。都心へ通勤するサラリーマンを対象にしたわが国初の郊外宅地分譲である。それまでの郊外住宅地は、郊外型別荘か借地だった。それを、一〇年月賦、基本的に建て売り、土地は所有権を分譲するという斬新な販売方法を

---

(49) 一冊一円を基本とした全集本の総称。改造社の現代日本文学全集を皮切りに次々と企画され、出版業の隆盛に貢献した。
(50) 片木篤・藤井陽悦・角野幸博（2000）：前掲注41。

A

図8●阪急電鉄の発展（出典：阪急電鉄『あの日・あのころ・そして今――広報ポスターに見る阪急電車』（1979））

A：阪急電鉄の前身、箕面有馬電機軌道株式会社の宣伝冊子「最も有望なる電車」（1908 年）。わが国初の企業広報誌であった。

B：1920 年（大正 9 年）頃の阪急路線図。この年、神戸本線と伊丹支線（塚口・伊丹間）が開通し、阪神間の沿線開発が一層進んだ。

B

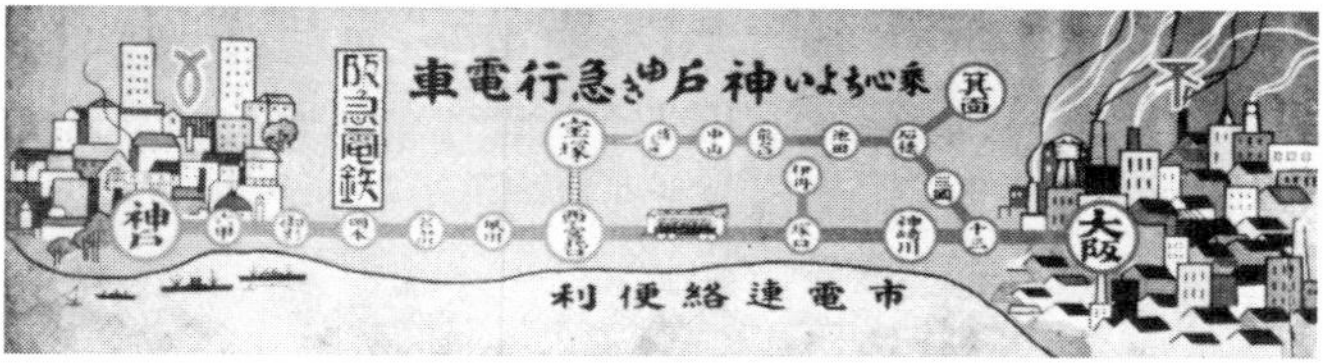

始めたわけである。この方式は、現代に至るまで不動産業界で踏襲されている[51]。

阪急は、宅地販売において、「模範的郊外生活」を提唱した。現代風に言えば、健康なライフスタイルの提案である。その背景には、大阪の商工地における石炭の煤煙が酷かったという事情がある。当時、何の規制も無かったため、大阪は「煤の都」と言われたほど大気汚染が進行していた。そのため、大阪の裕福な商人達は、いち早く市の中心部から逃げ出し、南部の浜寺や阪神間の芦屋や御影、住吉に別荘を建て、そこから市内の会社に通勤する場合が多かった。この状態を小林一三は、

「別荘族のぜいたく」などと呼んでいる。彼は、都市の中間層の中に職住分離の強いニーズがあり、彼らこそが阪急の宅地開発の購買層で、鉄道の安定的な乗客であると考えたわけである。

「模範的郊外生活」は、確かに魅力的なキャッチフレーズであるが、それが可能であることを具体的に示す必要がある。そこで、住民の交流や娯楽を目的とした倶楽部を設置、生活用品の購買組合を開設するなど、地域コミュニティも創設した。いわば、宅地と生活文化装置をセットで販売したわけである。この斬新なビジネスモデルは大いに当たり、阪急に利益をもたらすと同時に、街並みを成熟させることにも大きく貢献した。現在でも室町住宅には、「池田室町住民憲章」が存在し、良好な住環境の形成に成功している。歴史的に見ても、阪急モデルは成功したと言って良いだろう。

関東においても電鉄は明治末から発達し、川越鉄道、武蔵野鉄道（西武鉄道の前身）や東武鉄道などが早くから営業していた。しかし、それらは鉄道事業専業で、沿線開発や文化事業と組み合わせる積極性に乏しかった。関東の私鉄で、本格的に阪急モデルを実施した事業者は、東急電鉄である。東急電鉄は、もともと震災後の人口移動を上手く捉えて、発展した鉄道会社である。そのため、阪急モデルとの親和性が高かった。そしてこのことが、その後の東急沿線のブランド価値の向上に大きく貢献していると思われる。ただし、小林一三が阪急沿線に作り上げた文化的価値に比べて、東急沿線の

(51)　池田市立歴史民俗資料館（2007）：電鉄時代の幕開け、'07特別展図録。

文化発信力はやや見劣りする。オリジナルとコピーの違いと言うべきかも知れない。

小説『細雪』に描かれた災害

「こいさん、頼むわ。」で始まる谷崎潤一郎の小説『細雪』は、一九三八年（昭和一三年）七月の阪神大水害の様子を文学作品の形で後世に伝えている。「七月五日の朝の事であった。いったい今年は五月時分から例年より降雨量が多く、入梅になってからはずっと降り続けていて、七月に這入ってからも、三日にまたしても降り始めて四日も終日降り暮らしていたのであるが、五日の明け方からは俄に沛然たる豪雨となっていつ止むとも見えぬ気色であった……」とあるように、七月三日から五日までの総雨量は、四六二ミリに達した。これは神戸の一年間の雨量の約三分の一に相当するもので、まさにバケツをひっくり返したような激しい雨が神戸・阪神間で降ったことになる。このため、六甲山の南斜面は至るところで山崩れ・崖崩れが発生し、流出した土砂や岩、倒木が増水した河川へと流れ込み、土石流となって市街地を襲った（図9）（図10）。その結果、死者（行方不明者を含む）九三三名、家屋被害一万三二〇〇戸という大きな被害をもたらした[52]。

この水害の発生原因としては当時、様々な専門家が意見を述べている。それらは、①六甲山が崩壊しやすい地質からなっていること。②扇状地上に都市が建設されていること。③山地斜面の開発、禿

A

B

図 9 ●昭和 13 年（1938 年）阪神大水害の状況

A：六甲山地再度谷支流からの土砂流出。撮影は 8 月 10 日で、既に再侵食が始まっている。

B：三ノ宮駅南側（そごう前）の状況。洪水の流速が速く、大量の流木と瓦礫が流されている。

（A、Bいずれも、神戸市（1939）：神戸市水害誌附図）

A

B

図10●昭和 13 年（1938 年）阪神大水害における災害の記憶

A：大水害の記念碑の一つ、禍福無門の碑。住吉学園（旧観音林倶楽部）の庭にある。禍福無門とは、「禍福門なし、唯（ただ）人の招く所」（春秋左氏伝）から。つまり、災害は人が招くものという意味。ここでの土砂の堆積は、碑の高さとほぼ同じ、約 3m に達した。

B：当時、住吉川（A の背後 100m を流れる川）を埋めた巨大な花崗岩塊（災害絵葉書より）。石碑の材料は、ここから採取された。

げ山化が進んでいたことの三点に集約することができる。すなわち、斜面環境の破壊という都市化の負の側面は、当時の学者・行政・マスコミの間でも共通の認識であった。

しかし、こうした大災害の教訓は、戦後の都市開発において十分に生かされたとは言えない。被害自体は甚大だが、災害が拡大した背景には、神戸の特殊事情があると思われていたふしがある。結局、人口の大半が農村に止まっていた昭和前期には、阪神大水害も国民の大半にとって、いわば他人事であった。しかし今振り返ってみると、戦後、日本の各地の都市は、阪神の災害を追体験したことになる。神戸ではこの災害を契機として、六甲山系の砂防事業や表六甲の河川改修は、国の直轄事業となった。

昭和三大水害

神戸、芦屋、西宮といった六甲山麓の扇状地に拡がる都市は、海と山に挟まれ自然環境に恵まれた街である。そうした背後の六甲山地をこの地域の人々は親しみを込めて脊山と呼んでいる。しかし、その脊山からはしばしば土石流が市街地にもたらされ、災害が発生した。特に、昭和三六年（五一二

（52） 神戸市（1939）：神戸市水災誌。

ミリ）と昭和四二年（三七一・二ミリ）には、昭和一三年並の豪雨が観測され、大きな災害となった。

日本列島にとって、昭和三六年も大災害の年であった。「三六災害」と呼ばれている。六月下旬から七月上旬にかけて梅雨前線の活動が活発化し、九州から東北南部にかけて、各地で様々な被害が発生した。全国で八〇〇〇箇所余りに上る斜面崩壊、都市部での崖崩れが発生した点が特徴的である。六月二九日に伊那谷で大西山の斜面が大規模に崩壊し、四二名の犠牲者を出したのもこの時であった。特に、六月二四～二七日にかけて神戸や横浜で発生した集中豪雨では、宅地造成現場や傾斜地での被害が大きく、神戸では阪神大水害につぐ記録的な災害となった。この災害後、山地・丘陵地を無造作に開発した造成地の急増が社会問題化し、開発規制の動きが強まった。このころから、従来の山崩れに代わって、崖崩れが都市災害の主役となったと言える。いわゆる「都市内部型」災害[53]の登場である。そのため、開発をそれまでの届け出制から許可制に改める事とし、宅地造成等規制法が制定された。

また、昭和四二年七月九日の集中豪雨では、呉市同様、六甲山麓でも大きな災害が発生し、神戸市だけで七七名の犠牲者を出した。この地域では、昭和一一年、昭和三六年と並んで、昭和の三大水害と呼ばれている。この災害を受けて、砂防三法[54]の一つ、急傾斜地法が制定され、都市の崖問題は急速に対策が進むことになった。

Column 2

山の大震災

関東大震災は、都市災害の印象が強いが、大磯丘陵や箱根や丹沢の山地でも無数の崩壊が発生した。箱根では、わが国の近代登山の開拓者の一人であった辻村伊助宅が裏山の崩壊によって埋められ、一家全員が犠牲になるなど、土砂災害による人的物的被害も大きかった。(55) 崩壊のすべり面は浅く、小規模なものが多かったが、地震動が増幅されやすい凸型で急傾斜の斜面、そして植林地や皆伐地に多く発生したと言われている。やや大規模なものとしては、大磯丘陵では、東京軽石がすべり面となり、武蔵野ロームを巻き込む崩壊が発生し、渓流が堰き止められて震生湖が出現した。(56) 湯河原市吉浜の新崎川上流でも大規模崩壊による河道閉塞が発生し、一時的に湖が形成された。静岡県駿河小山を含む丹沢山地では、富士宝永噴火時の厚いスコリア層が崩壊し、高速で流れ下る流動性崩壊と思われる現象が多発した。この現象は、当時は「山海嘯」と呼ばれていた。

しかし、最も大規模な土砂災害は、小田原市根府川で発生した。根府川山津波として知られる災害であ

(53) 釜井俊孝・守随治雄（2002）：斜面防災都市、理工図書。
(54) 砂防法（明治三十年）、地すべり等防止法（昭和三十三年）、急傾斜地の崩壊による災害の防止に関する法律（昭和四十四年）。
(55) 写真と地図と記録で見る関東大震災誌・神奈川編（1988）、千秋社。
(56) 千木良雅弘ほか（2017）：一九二三年関東地震による震生湖地すべりの地質構造とその意義、京大防災研年報60。

図●1923年関東地震による根府川山津波・地すべり災害

A：白糸川を流下した山津波（岩屑流）の跡。流れがカーブする所では、遠心力によって外側が高く内側が低い。高速の流れであったことがわかる。[57]

B：海岸付近の崩壊土砂と一緒に落ちてきた客車。恐らく、根府川駅に停車していて、駅付近の地すべりに巻き込まれたものと思われる。沖合の海底では、駅のホームやレールなどが発見されている。[59]

る（図A）[57][58]。白糸川最上流部の大洞と呼ばれる場所で箱根外輪山溶岩の崩壊が発生し、無数の岩片からなる高速の岩屑流（なだれ）が、白糸川を約四キロメートル流れ下り、河口の集落で住宅七八戸（六四戸という説もある）を埋め尽くすと共に、東海道線の鉄橋、トンネル出口付近にいた列車を破壊した。同時に近くの根府川駅の裏山でも根府川溶岩を巻き込む深い地すべりが発生し、駅舎と停車していた列車共に海へ押し流した（図B）[59]。この二つのイベントによる死者・行方不明者は根府川村の住民と列車の乗客を合わせて約四〇〇名に達し、海は沖合へ数百メートルに渡って埋めたてられた。新たに出現した陸地は、その後の海岸浸食によって減少したが、一部は現在も残留し、真鶴道路の敷地として使われている。崩壊した地質は、二つとも根府川石溶岩と考えられ、溶岩の下位に存在する粘土化した軽石層がすべり面となったと考えられる[60]。また、溶岩中の地下水が豊富であった事も崩壊の一因として考えられる。同様な現象は、北隣の米神でも発生したが、土砂が東海道線の土手に阻まれたため、根府川ほどの大被害には至らなかった。当時、こうした地すべりや崩壊の発生した地域は人里離れた山間地であった。そのため、箱根の一部や根府川の例を除き、人的被害は少なかった。しかし、近年のリゾート開発や宅地開発の波は、周辺に及びつつある。次の地震では、こうした斜面崩壊が住宅地に深刻な被害を及ぼすかも知れない。

(57) 松澤武雄（1925）：根府川山崩調査報告、震災予防調査会報告第100号（乙）。
(58) 加藤武夫（1925）：大正一二年九月一日関東大地震ノ地質学的考察、震災予防調査会報告第100号（乙）。
(59) 桝井照藏（1925）：前掲。
(60) 釜井俊孝（1991）：SQUEEZE 型地すべりの発生機構——一九二三年根府川駅地すべり、地すべり104。

A

B

図●深層崩壊と浅層崩壊

深層崩壊（A）：1987 年 7 月の豪雨によって発生した、Val Pola の巨大崩壊（北イタリア、コモ湖から上流へ約 80km）。氷河が削ったU字谷の急斜面である。画面手前を右から左に流れる Adda 川と滑落崖上端の比高差は約 1200m。土砂は川をせき止めると共に対岸に高さ 300m 駆けのぼった。その後、高速の土砂が上流に約 2km、下流に約 1. 4km 流動した。斜面の岩盤は、3 方向の節理と小断層によって、巨大な岩盤が地山から分離し、崩壊発生以前から、稜線付近では重力性斜面変形が起きていた。

浅層崩壊（B）：2000 年 9 月の東海豪雨によって発生した、山地斜面の崩壊（恵那市上矢作町下小名戸）。人物の足元から上の斜面（白い部分）が崩壊し、多量の水を含む土砂が流下した。崩壊の背後の斜面は、浅い凹型で水が集まりやすい微地形になっている。

るまでには、長い準備期間があり、斜面がたわんだり、頂上の尾根筋が凹んだりといった、不安定化のサインと思われる微地形（重力性斜面変形）が多数報告されています。

基礎知識２◆浅層崩壊と深層崩壊

自然状態の斜面では、土壌直下の地山は、強く風化し、強度的には土壌と区別がつかないぐらいになっていることが多く、この部分を強風化部などと呼びます。大雨や強い地震があると、強風化層の下底をすべり面にして、斜面が崩れ落ちることが多く、それらを「浅層崩壊」と呼んでいます（図Ｂ）。定義の通り、通常、浅層崩壊の深さは2m以下で、全く同じ場所ではしばらく崩壊が発生しません。崩れ落ちるべきものが落ちてしまったからです。これを「崩壊の免疫性」と呼んでいて、浅層崩壊の特徴の一つです。

現在、「深層崩壊」という言葉は、浅層崩壊と対で語られることが多い用語です。しかし、もともとは2010年頃に、国土交通省と砂防学会が行政的に使いだした言葉でした。それ以前は、「山崩れ」、「大規模崩壊」、「山腹崩壊」、または「崩壊性地すべり」などと呼んでいたのです。浅層崩壊という用語があったので、マスコミを通じて深層崩壊という用語は定着しました。政府のキャンペーンが成功した一例として興味深いと思います。現在のコンセンサスでは、深層崩壊は、すべり面が強風化層よりも深く、地山を深く巻き込んでいる崩壊の総称です。メカニズム的には異なるものが含まれますが、それはさておき、人に説明する時には便利なので、筆者も使っています。

深層崩壊が起きるためには、地山の弱層や割れ目など、すべり面になりうる部分や、地下水が溜まりやすいといった、深い崩壊に結び付く斜面の構造（素因）が重要です。また、誘因（トリガー）としても、浅層崩壊に比べて、より強い豪雨や地震動が必要です。そのため、深層崩壊は、浅層崩壊に比べて稀な現象ですが、崩壊土砂量が多いので、いったん発生すると川をせき止めて土砂ダムを作ったり、土石流が大規模化して、大きな災害になることがあります（図Ａ）。一方、深層崩壊に至

第2章……家が買いたい――災害リスクの源流

実は、戦前までは、土地・家屋を私有する割合は現在ほど高くなかった。一九四一年の時点でも、全国三四八万戸のうち持ち家は七六万戸に過ぎず（約二割）、借家が二六〇万戸であった（日本銀行統計局一九六六、元資料は厚生省調査）。かなり社会的地位の高い人でも借家に住み、「大掃除が面倒だから引っ越しする」とさえ言われたように、住宅の流動性は高かった。しかし現在では、持ち家率は、六割前後に達している（総理府統計局）。この様な戦後の宅地の在り方を決定づけたものは、アメリカ流の持ち家政策の導入である。それは、一戸建て優先の住宅政策と経済優先の都市計画であり、GHQによる大家族制の解体とペアをなすものであった。すなわち、「小さいけれど、みんなが地主」という現在の状況は、「専業主婦」と同様、わが国の伝統にルーツを持たない、極めて戦後的な風景と言える。

しかし一方で、こうしたみんなが一戸建てを欲しがる社会、すなわち「持ち家社会」は、地形を大規模に変えるような過激な宅地開発を招いた。第3章以降では、そうしたやりすぎた開発が、後年、多くの災害を招いた事例を紹介する。その前に、ここでは、戦後の「持ち家社会」成立の過程を簡単に振り返ってみよう。

市中の閑居——戦前の借家暮らし

貸家の数は、大正から昭和の初期（大恐慌の前）にかけて、大幅に増えた。[61] 民間の素人大家に加えて、農地地主、貸家専門業者らがマーケットに参入してきたからである。その結果、さまざまなタイプの貸家が用意され、自分の収入、家族、仕事、趣味にあわせて自由に選ぶことができるようになった。住まい選びという点では、現在よりも自由度が大きかったと言える。家を買うわけではないから、引っ越しの手間もそれほどかからない。そのため、簡単に夜逃げできたケースもあったに違いない。しかし、都市の急速な膨張によって、住宅の絶対数は常に不足がちであった。そのため、関西を中心に、借家人と家主との間で家賃の支払いや立ち退きを巡る騒動も頻発した。しかし、そうしたトラブルを避ければ、株などに比較して貸家の経営は安定しており、十分に利益を出せる経済状況だった。

つまり、民間の無数の貸家業者によって、わが国の都市の住宅問題は支えられていたと言える。

京都市左京区の吉田山の頂上付近に「茂庵」という喫茶店がある。吉田山は、近世には吉田神社[62]の所有であったが、明治になると官有とされ、その後民間に払い下げられた。谷川茂庵（茂次郎）という実業家にして茶人は、大正から昭和にかけて、吉田山の北側一帯を所有し、山中に多くの茶室を建て、四季折々の茶を楽しんだ。喫茶店茂庵は、その遺構の一つである（中心の食堂施設）。谷川茂次郎は実業家であるから、事業の才もあった。自身が所有する吉田山の東麓を造成して一連の貸家を作り、西麓の京都帝大や三高の教授陣に貸し出した。家賃のとりっぱぐれが無いからである。この貸家群は、谷川住宅と呼ばれた。谷川住宅は、貸家と言ってもしっかりとした造りの木造二階建てで、周囲の道路や階段は全て花崗岩の石畳で舗装されている。当時としては高級である。何よりも、背後の吉田山の森と正面の東山に向かう視線を考慮した宅地造成と建物の設計がされていて、市中の閑居とでも言うべき趣のある住宅群である（図11）。いわばこれは、「近代的数寄」をベースとした宅地の総合開発であった[63]。

しかし、こうした民間の貸家経営の基盤は、第二次世界大戦の敗戦によって破壊された。直接の原

(61) 森本信明（1976）：民間貸家更新論（その3）――戦前の建設貸家の経営過程に関する研究、日本建築学会論文報告集。
(62) 節分会で有名。吉田兼好の父は、ここの神職だった。

図11●谷川（茂庵）住宅（大正時代・京都市）。吉田山東麓の斜面に開発された住宅地で、景観を考えた設計であった。吉田山側（西側）は、山林と植栽による豊かな緑、東側は大文字山を各戸から望むことができる。擁壁の構造や表面排水に、上質なものを作ろうとする工夫が見られる。そのため、約1世紀後の2018年7月豪雨では、近隣の斜面で崩壊が発生するような状況にも関わらず、全く無傷であった。

因としては、戦災による物理的な破壊に加えて、激しいインフレーションの下での地代家賃統制令の継続、建築資材の高騰、更には、税制改革による固定資産税の創設、収奪的な臨時財産税等が挙げられる。これらが同時に起きたことにより、貸家を供給してきた旧来の都市富裕層が没落したのである。こうして彼らは、税金を捻出するため、貸家を物納するか、居住者や第三者に売却するしかなかった。こうして、戦前の借家文化は消滅していったが、それは同時に、明治以来の都市部における大土地所有が、一挙に多人数小面積所有へ変化したことを意味していた。[64] こうして、宅地の戦後が始まった。

もちろん、谷川住宅でも持ち家化は進んだ。現在では、ごく一部を除いて、土地・建物の大部分は各戸の居住者が所有している。しかし、持ち主は変わったが、ここの風景は当時のままである。二〇一八年七月豪雨の際、近くで崖崩れが起きたが、谷川住宅では何事も無かった。茂庵のセンスと確かな設計・施工によって誕生した美しい住宅群は、その価値を理解する住民達により、時代の変化を越えて受け継がれていくだろう。

(63) 出村嘉史（2006）：景観としての東山――近代における神楽岡地域の再構成、東山／京都風景論　第六章、昭和堂。
(64) 日本の土地百年研究会（2003）：日本の土地百年、大成出版社。

持ち家社会の源流——占領政策の光と影

挫折した戦災復興計画

第二次世界大戦では、わが国の木造住宅を狙った米軍による無差別爆撃（戦略爆撃、じゅうたん爆撃）によって、全国一一九都市が焼き払われた。失われた住宅は約三〇〇万戸であり、一九四五年（昭和二〇年）三月一〇日の東京大空襲による約一〇万名を始め、多くの人命も失われた[65]。爆撃に際し、米国は事前に、わが国の住宅や街区の研究を行った。そうした研究を主導したのが建築家アントニン・レーモンドである。滞日経験が長かった彼は、木造家屋が多い日本の都市構造に着目し、より効率的に都市を破壊して住民を殺戮するために、具体的な爆撃方法を積極的に提言した。レーモンドは、一九一九年にフランク・ロイド・ライトと共に来日し、わが国にモダニズム建築を根付かせた建築家の一人として知られている。彼と親しかった日本人も多く、戦争協力はレーモンドにとって苦渋の決断だったとする擁護論も根強かった。しかし、二〇一一年にアメリカ公文書館で発見された文書によって、レーモンドは、初来日時点から、米軍の諜報活動に積極的に協力していたことが、明らかになった。[66]戦後、レーモンドは、自身が焼き払った東京の焼け跡に舞い戻り、建築事務所を再開した。さらに、土木設計にも手を広げ、建設コンサルタント会社を創業した。GHQを背景とした彼の事業は商業的にも成功を収め、彼の設立した建設コンサルタント会社は、今ではわが国有数の規模に成長している。

終戦直後の各都市では、住宅地が焼け野原にされた事に加え、海外からの日本兵の復員、引き上げ者による需要も膨大であり、この時期の住宅不足は深刻だった。そのため、戦災復興院を中心に土地区画整理を含む復興計画が策定された。その内容はモータリーゼーション社会の到来を予測したうえで、一〇〇メートル幅の道路を提案するなど意欲的なものであった。しかし、その多くはGHQの反対やドッジラインによる緊縮財政の影響で実現しなかった。東京都の場合、土地区画整理面積は当初計画の約八%まで減らされ、一〇〇メートル幅道路は全て取りやめとなった。この時期、人々はその日くらしが精一杯で、戦前の様に民間資本が大規模な宅地造成を実施する余裕は無かった。住宅の不足から、各地でバス住宅や電車住宅[67]が生まれたのもこの頃である。[68]

---

(65) これらの爆撃を指揮したカーチス・ルメイは、後に米国空軍参謀総長となった。戦後、航空自衛隊の育成、並びに日米親善に尽くしたとして、日本政府から勲一等旭日大綬章が送られている。当時の首相は佐藤栄作。

(66) 秋尾沙戸子(2009):ワシントンハイツ――GHQが東京に刻んだ戦後、新潮社。

A

B

図12●戦災瓦礫の処理

A：戦災瓦礫で埋められた三十間堀川（東京都銀座、1949年）（提供：毎日新聞新聞社）

B：谷埋め盛土中に混在する暗灰色土の塊（東京都目黒区）。高濃度のヒ素・鉛によって汚染されていて、戦災瓦礫と思われる。底の水溜まりは地下水の染み出し。同様な汚染された谷埋め盛土は武蔵野台地内部に数多く存在する可能性がある。

戦災瓦礫による埋立て

一方、都心の焼け跡には大量の瓦礫が存在していたので、各都市では瓦礫処理が緊急の課題であった。東京の場合、これらの瓦礫は主に手近の堀割や谷筋に捨てられた。ＧＨＱによって、早急な対応を迫られた結果である。そのため、東京は江戸以来の水辺空間の多くを失った。現在では、都市史・都市計画史の観点から、当時の東京都の施策には、多くの批判がなされている。しかし、そうした批判はやや片手落ちの様に思う。そもそも、わが国の都市計画業界の主目的は、最初から経済効果や利便性の追求であり、現在でも土地の歴史や風土の保全は重要視されていない。その意味では、当時の東京都は、わが国の都市計画を貫く明治以来の伝統に忠実であっただけと言える。

江戸城の外濠も戦災瓦礫で埋め立てられた。現在の外堀通りはこの時の産物である、しかし、公共で利用された埋め立て地ばかりではなかった。堀跡を東京都が民間に売却した結果、堀跡に建物が建っている例も多い。当然、現在の基準では耐震性に問題のある建物や地盤も存在する（図12Ａ）。三

---

(67) バスや電車の車両を住宅に改造した住まい。団地の様に多くの車両が並ぶ風景が見られた。一九六四年の新潟地震の直後にも仮設住宅として出現した。

(68) 大阪市立住まいのミュージアム（2001）：図録・住まいのかたち暮らしのならい、平凡社。

十間堀川跡にあった銀座シネパトス[69]が、二〇一三年に閉館したのはこのためである。一方、山の手の住宅地の内部にもこの時期の谷埋め盛土が数多く存在する。これらの戦災瓦礫で埋め立てられた谷埋め盛土は、後述するように将来の環境問題となる可能性をはらんでいる（図12B）。

ニューディーラー達の実験

ＧＨＱにおける住宅の担当は、経済科学局であった。経済科学局（ＥＳＳ）は、民政局（ＧＳ）同様、日本人にとっていわく付きの部署である。戦後経済事件史に見え隠れするＭ資金[70]のＭは、経済科学局長であったマーカット少将のＭと言われている。経済科学局は、民政局と並んで左派ニューディーラー、及びフランクフルト学派の共産主義者達の拠点であった。占領初期、ＧＨＱ内部で権勢をふるった彼ら・彼女らは、自国（米国）で実現できなかった、社会主義的施策を日本で実現しようとした。日本国憲法の前文が、日本語としておかしいのも、彼らの英文草案を翻訳したためと言われる。

占領初期、日本人にとって都市の住宅事情は極めて劣悪であり、多くのバラックが建ち並んでいるような状況であった。しかし、不思議な事に、ＧＨＱ経済科学局は、日本人への住宅供給について積極的な手立てを取ろうとしなかった。占領軍、つまり自分達のための住宅供給を確実に行うよう、日本政府に命令しただけである。それどころか、戦後も細々と活動を続けていた住宅営団に対して、一九四六年（昭和二一年）、経済民主化を理由に閉鎖命令を出した。住宅営団とは、同潤会の後継組織として労働者用住宅の建設を使命とし、日本の住宅団地建設の基礎を築いた組織である。つまり、戦後の住宅供給の要となるべき組織であった。その住宅営団の閉鎖命令は、日本側からも若干の驚きをもって受け取られたが、政府が積極的に抵抗した形跡はない。その背景には、占領軍家族向けの住宅建設を日本政府が負わねばならず、そのために膨大な資材、人材、資金が必要であった事が挙げられる。すなわち、敗戦直後の物資不足の中で、その多くは占領軍に振り向けられ、日本人の住宅建設は後回しにされたわけである。こうしたところにもＧＨＱによる「民主化」の本質が現れている。

さて、戦後の混乱も五年ほど過ぎると収まる兆しが見え、次代の都市計画を策定する余裕も生まれた。しかし、民間には資金が乏しく、住宅建設は進まない。そこで、政府が住宅金融を始める事になった。住宅金融公庫の誕生である。本来は、一九四九年（昭和二四年）に準備されていたが、ドッジラインの緊縮財政の影響によって一年延期され、一九五〇年（昭和二五年）に住宅金融公庫法が成立した。この仕組は、政府が個人に住宅資金を貸し付けるという、米国流のニューディール政策そのま

（69）長谷川淳一（2013）：銀座三十間堀川埋め立て地の開発、三田会雑誌。
（70）ＧＨＱが占領下の日本で接収した日銀などの資産を基に、現在でも極秘で運用されていると噂される巨額の資金。もちろん、保証金という名目で金品を搾取する詐欺の舞台装置に過ぎない。しかし、資金繰りに窮した経営者が騙される事件が、ときどき発生する。

まであり、当時の日本人にはなじみが薄いものであった。さらに、融資の際の収入条件が厳しく、事実上収入が安定したサラリーマンしか貸し付けを得ることができなかった。そのため当初はあまり人気が無かったが、サラリーマンが大量に生み出されるようになる次の時代には、「公庫融資」が住宅政策を支える重要な柱の一つに成長して行く。

都市への無差別爆撃や市街戦による破壊を補うため、戦後、膨大な数の住宅を必要とした点は、ドイツ、フランス等のヨーロッパ諸国も我が国と同様である。しかし、戦後の住宅政策が辿った道は、両者で大きく異なった。ヨーロッパ諸国では、住宅建設を福祉国家の責務として位置付け、国家レベルで大量の社会住宅、公共住宅が作られた。わが国でも自治体レベルでの公営住宅は作られたが、その財政基盤は弱く、十分な供給は出来なかった。住宅営団の解散と住宅金融公庫の設立に象徴されるように、占領期のわが国は、戦災に遭った住民に自分で家を建てさせる方針を選択したのである。これは結果的に、将来にわたっても「持ち家」しか住宅取得の道が無いと、国民に思い込ませることになった。すなわち、現在の持ち家政策につながる路線は占領期に引かれていたと言える。憲法や教育制度など、戦後レジームを規定した諸制度の多くは、ニューディーラー達が権力をふるった占領期初期の遺物である。住宅についても同様で、彼らの実験をきっかけに始まった持ち家政策はその産物の一つなのである。

ニュータウンと冷戦――家族と住宅の55年体制

戦後の我が国の宅地政策は、米国を模倣したものだった。郊外住宅地についても、田園都市の理想主義的要素が薄まり、ベッドタウン的なニュータウンがお手本になった。米国で戦後建設された典型的中流家庭向けニュータウンとしては、レヴィットタウンが有名である。レヴィットタウンは、一九四七年から一九五一年にかけて、レヴィット&サンズ社が東海岸を中心に建設した住宅地である。宅地と廉価（一万ドル以下）な住宅とのセット販売という斬新な手法が成功し、約一四万戸を売りあげた。これらの大量の住宅供給は主に海外からの復員兵を想定しており、経営者のエイブラム・レヴィットは自分の仕事の意義について、「誰でも自分の土地と家を持てば共産主義者にはならない」と明確に語っている。このレヴィットタウンの手法（大規模な宅地開発とベルトコンベアー方式による住宅の大量生産）は我が国でも盛んに研究され、一部は東急多摩田園都市の参考にされている。

レヴィットが建設したサバーヴィア（郊外の中流階級向け住宅地）では、戦災を受けたヨーロッパやアジアに比べて物質的に豊かな日常生活（アメリカン・ウェイ・オブ・ライフ）が繰り広げられていた。これを積極的にプロパガンダしたのが、一九五九年にモスクワで開かれた米国産業博覧会であった。この時、米国は、食料品であふれるスーパーマーケット、冷蔵庫、皿洗い機などの家電製品、ポラロ

A

B

図13●台所からキッチンへ
A：戦後のアメリカンライフを象徴する明るいキッチン（提供：Getty）
B：1959年、フルシチョフ対ニクソンの間で交わされたキッチンディベート（提供：Getty）

イドカメラや化粧品、ペプシコーラなどを出品し、皆が平等に貧しいソビエト社会との違いをアピールした。明るいキッチンでは、アメリカン・ファミリーの専業主婦が、家電製品で優雅に家事をこなす様子が演出された。この時、会場に同行したフルシチョフ（書記長）とニクソン（当時、副大統領）は、資本主義と共産主義のどちらが優れているかについて激論を交わした。この議論は、特に、米国製のキッチンモデルの会場で大いに盛り上がったので、これをキッチンディベートと言う（図13）。冷戦期の米国において、サバーヴィアに住む専業主婦は、戦略兵器の一つであったと言えるかもしれない。[71]

わが国は、一九五一年（昭和二六年）に独立を回復した。しかし、いぜんとして住宅不足で、一九五四年（昭和二九年）になっても約二九〇万戸が不足する状況が続いていた。一九五六年（昭和三一年）の経済白書には、「もはや戦後ではない」と謳われたが、住宅供給はいぜんとして大問題だった。そこで、一九五五年（昭和三〇年）に日本住宅公団を発足させるなど、供給を増やす施策がとられた。住宅公団は、ＧＨＱに睨まれて消滅した住宅営団の復活に他ならない。政治体制と同様に住宅政策においても、占領期を脱する体制が誕生したわけである。

一九五六年の堺市金岡町、千葉市稲毛、三鷹市牟礼を皮切りに、住宅公団による鉄筋コンクリート

(71) 三浦　展（2011）：郊外はこれからどうなる?、中公新書ラクレ。

造の集合住宅群が、順調に供給されていった。これらは、「団地」と呼ばれ、戦後を象徴するアイコンの一つとなった[72]。現代では一般的な間取りであるｎＤＫ方式が採用され、ダイニングキッチンと寝室があった。これは、西山夘三による食寝分離論[73]の実現に他ならない。さらに、台所にはステンレス流し台が設置され、浴室、水洗トイレも備わっていた。当時としては、画期的な設備であったので、人々が殺到し抽選が行われるほどの人気を得た。一九六〇年（昭和三五年）には、皇太子・皇太子妃殿下時代の上皇・上皇后陛下が、完成後間もないひばりが丘団地をご訪問され、ベランダから手を振られるという、様々な意味で新しい時代を国民に強く印象付ける出来事も起きた。

住宅公団は、その後も国の住宅政策の中心として機能し、多くの大規模団地やニュータウンを造成していった。そして、経済発展が進むにつれて、そこに住む家族は核家族となり、企業戦士の夫と専業主婦、子供二人ないし一人という組み合わせが一般化してゆく。この様に、わが国の戦後は、家族と住宅についても、一九五四〜一九五六年の出来事の影響を強く受けているのである。

（72）もっとも、団地としては、一九五五年（昭和三〇年）、千葉県住宅協会が建設した八千代台団地（千葉県八千代市）が最初である。ただし、こちらは土地付き平屋の一戸建て木造住宅群であった。

（73）西山夘三は、「住居空間の用途構成に於ける食寝分離論」（日本建築学会、一九四二）で、大阪のスラム街であっても、生活の便利のため、寝るスペースを過密にしてでも食事する場所を別に確保している実態を明らかにし、保健衛生上、住宅が備えるべき最低条件として、食事と就寝のスペースを別にするべきと提唱した。当時、戦争による物資不足が深刻化、最小住宅の研究が進められていた。この主張は、戦争中は贅沢であるとして無視されたが、戦後の住宅の基本理念となった。

第3章 高度経済成長と宅地斜面災害

一九五五年、自由民主党が結成され、以後わが国は「軽武装経済成長路線[74]」を歩むことになる。いわゆる五五年体制のはじまりである。しかし、この時既に軽武装論者の吉田茂は自由党総裁を辞職していた。そのため皮肉な事に、わが国の戦後を決定づけた五五年体制は、プロデューサー抜きで始まった。吉田茂無き吉田路線と言われる所以である。自民党が主導した軽武装経済成長路線は、一九五四年（昭和二九年）一二月から一九七三年（昭和四八年）一一月までの一九年間に及ぶ、高度経済成長期をもたらした。この間、経済成長率は年平均一〇％を超え、一九六〇年には、池田内閣が所得倍増

（74） 吉田茂が提唱した。防衛の主力は米軍に任せて、わが国は必要最小限の武力だけを保持。余力を経済活動にそそぐという政策パッケージ。日米安全保障条約をその基盤としている。

計画を発表する。そして、一九六八年には、GNP（国民総生産）が米国に次いで二位となった。当然のことながら、こうした著しい経済成長は、宅地開発にも大きな影響を及ぼした。この時代は、住宅建設が産業化する事により、占領期に種が蒔かれた持ち家社会が、本格的に発展した時代である。ここではその過程を簡単に追いかけるとしよう。

持ち家社会の発展

谷埋め盛土時代

高度経済成長期、都市における生活上の大問題は、住宅の不足であった。一九五六年（昭和三一年）、約八〇〇万人だった東京都の人口は、わずか七年後の一九六三年（昭和三八年）には一〇〇〇万人を突破し、なおも増加を続けた。この状況は、単純な国内総人口の増加だけでは説明できない伸び方であり、工業の復興を背景とした、大都市への若年労働者の移動がもたらした現象である。彼ら流入した若い就業者の多くは、結婚して核家族となった。つまり、夫婦の数だけの膨大な数の住宅が、新たに必要とされた。これが、この時期の住宅問題の背景である。

住宅を供給するにはまず宅地を増やさねばならないが、都市の内部には十分な空間が無かった。しかし、この頃、歴史の偶然とも言うべき状況が出現する。いわゆる、エネルギー革命である。すなわち、薪炭から化石燃料への燃料革命、化学肥料への肥料革命および農業の機械化により、弥生時代以来、人為的持続的に維持されてきた里山の重要性が無くなりつつあった。この結果、大都市近郊の里山は、単に広い土地でしかなくなり、開発の対象となっていった。

しかし、里山の徹底的な開発は、必然的に谷埋め盛土を発生させた。一九六二年（昭和三七年）二月、朝日新聞に「宅地ブーム」と題して掲載された写真は、当時の状況を良く表している（図14）。当時は盛土の材料も不足しがちで、土地一升に金一升の時代であった。まさにこの時代を、「谷埋め盛土時代」と呼ぶことができよう。最近の地震で壊れた盛土は、この時期に造成されたケースが多い。

ブルドーザーは、一九二三年にアメリカで生まれたが、戦前、わが国ではほとんど普及していなかった。そのため、日本軍は一九四二年に占領した太平洋のウェーク島でブルドーザーを捕獲したものの、使い道もわからないまま放置していたと言われている。結局、捕虜にその使用法を教えられ、威力に驚いた海軍士官が、「日本の敗北を予感した」と後に述懐している。ブルドーザーが無かった戦前の宅地開発は、したがってほとんど人力で行われ、あまり地形を変えない開発にならざるを得なかった。しかし、戦後、ブルドーザーをはじめとする建設重機が普及すると、大胆な地形改変が可能と

図14●谷埋め盛土が作られていく状況（提供：朝日新聞社）。ブルドーザーの車列が尾根を削り、土砂を谷に落としている。

なり、掘り返したり埋めたりすることが容易になった。

一方、急速な里山開発は、次節で述べる様に大都市近郊で、多数の土砂災害を誘発した。そのため、この頃から、郊外の乱開発とそれによる災害の原因として、法制度の不備を問題にする論調が目立ってきた。そこで、無秩序な開発を防止しつつ大都市とその周辺を開発することを目的として、一九五七年（昭和三二年）に首都圏整備計画の策定が始まると共に、一九六一年（昭和三六年）、宅地造成の規制等に関する法律（宅造法）、及び一九六八年（昭和四三年）、都市計画法が制定された。造成基準の整備と開発許可制度の始まりである。開発許可制度は、一九七五年（昭和五〇年）に未線引き区域[75]にまで拡張され、より網羅的になった。しかし、そうした法規制が発効する直前には、駆け込み開発が数多く行われた。また、谷埋め盛土に関しては結果的に規制が緩かった。そのため、法律施行後に作られた盛土でも、その後の地震によって谷埋め盛土地すべりが頻発することになる。

土地本位制

高度経済成長期は、インフレの時代でもある。しかし、地価はインフレ率や給与所得の伸びを上回る速度で上昇を続け、土地は最も有利な投資先となった。マネーが土地を軸に回り始めたのである。この状況は、戦後の不動産業に大変革をもたらした。大手と中小事業者の業態の二極化である。高度経済成長期以前の不動産業は、いくつかの例外を除き、ほとんどがいわゆる貸家・貸間業、そして仲介業であった。しかし、この時期、宅地開発・分譲は確実に儲かる商売となり、大手は宅地開発や建売住宅の比重を強めた。彼らはやがて、従来のビル賃貸業から民間デベロッパーに成長して行く。こ

（75）都市計画法による市街化区域と市街化調整区域の区分がなされていない地域のこと。二〇〇〇年の都市計画法の改正以後は、「非線引き区域」と呼ばれることになった。

の「デベロッパー」という呼び名は、開発業者が従来の「不動産屋」のイメージを取り払うため、一九六二年頃から自らを呼び始めたことに始まる。[76]「デベロッパー」は、高度経済成長期に出現したスマートな不動産業を象徴する言葉だったのである。

政府も政府系金融や法制度を利用して、民間デベロッパーを育成しようとした。その結果、一九六〇年代には、旧財閥や私鉄を母体とするデベロッパーが急成長した。こうしたデベロッパーが行う「開発」には潤沢な資金が必要である。この時期、不動産業に対する貸出額が多いのは、一貫して都市銀行・地方銀行であった。しかし、額は多いものの、貸出額全体に占める割合は、一九七二年になっても五%未満に過ぎなかった。つまり、この時期の都市銀行は、製造業への融資が中心で、不動産業への融資にはそれほど重点を置いていなかったことが窺える。しかし一方で、この時期に不動産業に対する融資を急増させていたのは、信用金庫と長期信用銀行・信託銀行であった。特に、長期信用銀行の融資額は、一九五四年に一二億円だったものが、一九七三年には約一兆円に達し、貸出額全体の一二%を超えるに至った。日本長期信用銀行は、不動産バブルの崩壊を経て一九九八年に経営破綻する。その遠因の一つは、この時期から始まった不動産業への傾斜にあったのかも知れない。

この時代のデベロッパーは、「宅地を作れば必ず売れる→会社の利益増加→担保価値が上がるのでたくさん借金できる→さらに宅地を作る」という循環（資産効果経営）によって支えられていた。[77]この資産効果経営のサイクルを回すためには、まずエンドユーザーに土地を買わせることが重要である。

しかし、宅地を即金で買える人は多くないので、大半の人はローンを組むことになる。しかし、比較的低金利ではあっても住宅ローンが借金であることには変わりは無く、それなりのリスクはつきものである。それを個人に負わせるというのであるから、要するに、持ち家政策はリスクの付回しであった。また、持ち家が増えればそれだけ国の負担も減るので、結局、持ち家政策は住宅福祉政策の値切りに過ぎないという面もあった。しかし、戦後一貫して続いたインフレによって、土地の値段が上がったので、帳簿上の資産価値は上昇した。その結果、持ち家に伴うリスクに、人々は鈍感になっていったのである。

当初、住宅ローンで重要な役割を担ったのは住宅金融公庫で、融資額のシェアは、一九五〇年代を通じて九割台を維持していた。しかし、一九六〇年代になると、民間の金融機関が一斉に住宅ローン市場に参入し、公庫融資のシェアは次第に低下した。なかでも、信用金庫、相互銀行、農協といった中小の金融機関の伸びが大きかった。その結果、一九七一年には、全国の銀行によるローン残高は、公庫のローン残高を超えるに至った。また、この頃、各都市銀行の子会社として、住宅金融専門会社、すなわち住専が相次いで設立され、母体行の基準では融資できないような案件に、高利で貸し付ける

(76) 橘川武郎・粕谷　誠（2007）：日本不動産業史、名古屋大学出版会。
(77) 橘川武郎・粕谷　誠（2007）：前掲。

商売を始めた。こうして、一九七〇年代の初めには、デベロッパー、長銀、中小金融機関、住専といった後のバブルの主役たちが顔をそろえることになる。

結局、宅地を作る方も買う方も、重要なのは借金の能力ということになった。大企業では、社員福祉の重要な柱として「持ち家制度」という借金制度を取り入れたが、原資は銀行であり、取り立てのリスクを企業に肩代わりさせたに過ぎなかった。こうした借金の担保は、あくまでも金融商品としての土地である。結局、里山の地形改変によって生み出された膨大な宅地は、借金の形（かた）にされることで本来持っていた土地の記憶が漂白され、単なる「不動産物件」となった。すなわち、資本主義体制としてもやや異色な、「土地本位制」とでも言うべきわが国独特の経済システムは、この頃（一九七〇年代前半）に完成を見たといえる。

公団の青春

谷埋め盛土における災害リスクが明らかになる以前から、都市と環境の問題を真剣に考えた都市計画家達がいた事も事実である。例えば、一九六〇年代、開発当初の多摩ニュータウンでは、「自然地形案」と呼ばれる基本プランが、検討されたことがある。自然の地形や山林をかなり残す方式の造成計画である。しかし、この案は、造成戸数が普通の造成案の約九割であり、土地利用効率が悪いことを理由に事実上廃案となった。[78] 残り一割の戸数増に拘った判断であったといえる。しかし、後に多摩ニュータウン永山団地（二二ヘクタール）について、造成コストを比較した研究によると、実施されたプランの総コストは、地形改変を最小化し山林を保全する「保全型開発案」よりも大きく、宅地面積当たりのコストも一・五倍である。[79] つまり、実施された宅地造成は総事業費の点からも、環境保全の面からも合理的でない事になる。それでは、どうして今現在見られるような全面開発が実施されたのであろうか？ その理由を公団創設期にまでさかのぼって調べてみよう。

一九五五年（昭和三〇年）に設立された住宅公団（現、UR）は、郊外の宅地開発を積極的に行い、多くの谷埋め盛土を作ったデベロッパーの一つである。多分、最多であろう。しかし、その黎明期に、環境保全に留意する設計を行った建築家集団がいた。彼ら、「住宅公団・東京支所・設計課・団地係」は、自然地形を壊さずにそのまま残し、その記憶を住まい手に伝えていくことで、「自然と人間の関係を問い直す」ということを意識していたと、建築家・津端修一は後に語っている。「阿佐ヶ谷住宅」、「高根台団地」は、団地係の代表作である。外周道路（公道）以外は土が露出した地面で、建物の間にコモンと称する「得体の知れない緑の空間」[80]を配置した設計である（図15）。約五〇年後、これら

（78） 木下　剛・根本哲夫（2006）：多摩ニュータウン自然地形案――地形をめぐる諸関係のダイナミクス、「10＋1」42、ＩＮＡＸ出版。
（79） 小玉祐一郎・武内和彦（1987）：土地自然システムを生かした丘陵地の住宅地開発、都市計画150。

図15●阿佐ヶ谷住宅の低層住宅とコモン（津端修一）。計画の狙い通り、住民共有の豊かな「空き地」が出現し、コミュニティーの醸成に役立った。（提供：江口亜維子／住まいのマガジンびお：阿佐ヶ谷住宅で経験した「えたいの知れない緑の空間」）

の団地は、設計者の意図通りの緑豊かな住宅地となり、「奇跡の団地」や「団地設計の成功例」などと高く評価された。[81] 彼らは、ライバルの杉浦進から、やや揶揄的な意味も込めて「風土派」と呼ばれた。東京支所団地係は、一般の設計事務所の様にチーフデザイナー制[82]であり、そのため土木と建築の組織間の風通しが良く、デザイナーの主張が通りやすいメリットがあった。しかし、それは逆に言えば公団内部において組織間の利害調整（政治）に重きを置かないという事である。後年、チーフの津端修一は、「俺たちはまるっきり整っていない時が、最も整っているんだ」（シェークスピア『ヘンリー6世』）というセリフが、自分たちの旗印であったと述べている。公団創設間もない時期の自由闊達な雰囲気が、団地係の活動を支えていた。しかし、一九六〇年（昭和三五年）、津端修一が名古屋の高蔵寺ニュータウンに移動し、風土派の活動は低下して行った。

実は、彼らの短い最盛期は、公団の初代総裁・加納久朗の任期とほぼ重なる。加納は、旧華族（子爵）であり、戦前は横浜正金銀行ロンドン支配人、国際決済銀行（ＢＩＳ）副会長を務めた大物財界人で、吉田茂のブレーンの一人であった。国際経験が豊富なためか、おしゃれでスマート、「彼の頭

(80) 津端修一・津端英子（1997）：高蔵寺ニュータウン夫婦物語、ミネルヴァ書房。
(81) 三浦　展ほか（2010）：奇跡の団地　阿佐ヶ谷住宅、王国社。
(82) 団地を設計する際、主任設計者が全体を管理し、責任を負う制度。建築設計事務所（アトリエ）において、一人の建築家のもとにスタッフが集められるのと同様。

の上だけは、いつもぽっかり青空がのぞいていた」（津端修一）と回想されている。後任の二代総裁狭間茂は大政翼賛会組織局長を務めた旧内務官僚、三代総裁林敬三は警察予備隊総監から統合幕僚会議議長を務めた旧内務官僚（いわゆる内務軍閥）であった。以後、公団総裁は、建設官僚（旧内務官僚）の天下りポストになり、公団も政府による量的要求（戸数、空き地規制）を忠実に実行する組織になった。

その後、津端は住宅公団本部審議室調査役（課長と部長の間の中二階ポスト）を経て、広島大教授に転出した。その頃、高蔵寺ニュータウンの二区画を購入してレーモンド風の自邸を設計、建物周辺を雑木林として、オルタナティブな団地生活[83]の実践者（自由時間評論家を自称）となった。造成で破壊された丘陵の自然を自ら戻そうと思ったという。そして、皆が傍らで自然を育てれば、環境は大きく変わる。その実際の行動として、津端は地域住民による高森山（造成後、はげ山だった）の緑化計画を提案した。この「高森山どんぐり作戦」は、住民による緑化運動の先駆けとして知られる。津端夫妻の老後の生活を描いたドキュメンタリー映画『人生フルーツ』（東海テレビ）は、多くの感動を呼ぶとともに、二〇一七年（平成二九年）キネマ旬報ベストテン・文化映画部門の第一位に輝いた。[84]

一九六〇年（昭和三五年）に計画が始まった高蔵寺ニュータウンは、伊勢湾台風（一九五九年、昭和三四年）による高潮被害によって五〇〇〇名以上の犠牲者を出したのが構想のきっかけと言われている。千里、多摩、高蔵寺など、公団が主導したニュータウン建設は、いわば、都市の人口を洪水や高潮のリスクが高い、危険な低平地から、安全な高地に移転させようとする、壮大な実験でもあった。しかし、数十年後に明らかになるように、地形や風土を顧みない丘陵地の極端な平坦化は、谷埋め盛土地すべりという新たな災害を作り出すことになる。

万博とサラリーマンの夢

一九六九年（昭和四四年）は、全学共闘会議（全共闘）の年であった。全国の四年制大学の三割にあたる一二四校が紛争状態になり、七〇校がバリケード封鎖された。特に、東大と日大での紛争は激しく、この年の東大入試が中止となった。これら各大学における紛争の原因は個別であったが、その背景は共通していたと言われている。すなわち、大卒サラリーマンの待遇の期待値と実態とのギャップに対する異議申し立てである。この頃、大学進学率が増加し、約二〇%に達した。昭和の初め、大卒はインテリの代名詞であり、彼らは幹部候補生としてサラリーマンになった。しかし、大卒の価値が薄まった一九六〇年代以降は、サラリーマンは一般職員と同義語となっていく。大衆的サラリーマ

（83）区画に目いっぱいハウスメーカーの住宅を建て、庭は最小限にするのが普通であるが、それと全く異なる独自の生活という意味。
（84）キネマ旬報社（2018）：キネマ旬報ベスト・テン発表特別号 1771.

ンの出現である。学生達が上の世代、つまり既存の社会秩序への反乱を試みた心理の根本には、「おまえ達だけ上手くやりやがって」というルサンチマンがある。

騒乱に明け暮れた翌年、一九七〇年（昭和四五年）三月から一一月、大阪万博が開かれた。「人類の進歩と調和」を旗印に、千里丘陵で開催されたイベントである。「あまりに明るく、そして薄っぺらな未来のイメージに、人びとはとまどいながらもどこかハイになっていた」（鷲田清一）と描写された、この戦後最大の宴の背景は、千里ニュータウンという大規模郊外団地であった。

万博の初期マスタープランの作成において、重要な役割を担ったのが、都市計画家の浅田孝である。彼の開発論は、やがて田中角栄の日本列島改造論につながっていった。[85] 万博と列島改造、両者に共通するのは、国土を「開発用地」として見る視点である。そうした視点による都市計画では、風土論をお題目としては唱えてはいても、風土を形成している地形、地質、歴史の多様性を実際に計画に組み入れることは難しい。その結果、平坦な造成地を作るために、大規模な地形改変が躊躇無く行われ、そうした造成地は真四角の区画で覆われていった。こうして、万博会場と同じ様な無機的な郊外団地が、全国各地に誕生した。

こうした郊外団地に住んだのは、大学紛争を担った大戦後のベビーブーマー、すなわち団塊の世代であった。彼らの多くは、大学紛争終結後ちゃっかり就職し、サラリーマンになっていた。学生の頃、造反有理と唱えていた彼らは、会社組織には素直に順応し、駒の一つとして懸命に働いた。「結婚後は、公団住宅から通勤し、住宅ローンで郊外の庭付き一戸建てを手に入れて上がり」というロールモデルを確立したのも彼らの世代である。

ハウスメーカーの勃興

現在、わが国では持ち家を希望する人の割合は約八〇%に達している。戦後、この傾向は一貫して変わらなかった。そこで、その需要を満たすため、都市は膨脹を続け、多くのニュータウンが建設された。これらのニュータウンを覆っているのは、無数の戸建て住宅である。これら膨大な上物(戸建住宅)は、誰がどの様に供給したのであろうか?

ニュータウンを訪れると、**ハウスや**ホームといった、いわゆるハウスメーカーの看板が目立つ。ハウスメーカーとは、全国に大規模展開し、モデルハウスやテレビコマーシャルなどの強力な営業力を武器に毎年一〇〇〇〜数万戸の住宅を供給している企業群のことである。ハウスメーカーを象徴するものは、工業化住宅(プレハブ住宅)である。工業化住宅は、主要な部材を規格化し、工場で大量生産したユニットを現地で組み立てる方式の住宅であり、品質が一定で、工期が短いという長

(85) 椹木野衣(2005):戦争と万博、美術出版社。

所がある。工業化住宅の先駆けは、住宅に軽量鉄骨を導入しミゼットハウスを考案（一九五九年）した大和工業や北米から2×4住宅を導入（一九六二年）[86]したミサワホームである。これらの住宅は、建築プロセスも簡略化しているので、価格も画期的に安くできると期待された。

しかし、結果的に、ハウスメーカーは、低価格戦略をとらなかった。むしろ、多様なデザインや高い品質を主張しつつ高価格路線を取った。建築家石山修武は、ミサワホーム創業者の三澤千代治について、次の様に語っている。「あの人はすごい人だった。なぜすごかったかというと、あの人は、私より前に住宅の値段のことを言ったんです。半分にできると言ったんです。言ったんだけどもしなかった。利益を二倍にしただけなんです。でも、あの人は革命児だと思いましたね[87]」。

現在、ハウスメーカーのシェアは新築住宅の約三〇％で、工業化住宅のシェアは約一五％と言われている。イメージ（存在感）の割に意外に少ないと感じられるが、それは、そもそも価格設定が高いことに加え、戸建て業界特有の構造に理由があるのかも知れない。実は、残りの七割を占める工務店の多くは、企業としては零細で地域密着ではあるが営業力に乏しい。年間新築戸数で見ると、一年に一〇棟以下の工務店が全体の九割を占めている。しかし、工務店もデザインや部材はハウスメーカーに追随したので、結果的にわが国の住宅は、全体として同じようなものになった。

ハウスメーカーのイメージ戦略の成功もあり、「高級な」工業化住宅は多くの人々の憧れとなった。こうして、人々の理想的な住宅とはハウスメーカーの「工業製品＝商品」となり、家は、建てるものから買うものに変化したのである。住宅産業を育成する立場から、国もこの流れを強く援護した。こうして、ハウスメーカーは他国には無い独特な業態として、わが国に根付いた。ハウスメーカーは、一九七〇年代には最盛期を迎えた。これはちょうどニュータウンが各地に増え始めた時期と重なる。したがって、ニュータウンはハウスメーカーの主戦場となり、デベロッパーを兼業して土地造成、分譲に乗り出すハウスメーカーも多かった。郊外の住宅地で良く見られるような、ハウスメーカー各社の工業化住宅が建ち並ぶ光景は、こうして作られていった（図16）。

この事は、ニュータウンにおける宅地の在り方を間接的に規定した。実は、現代の住宅では、注文住宅を謳う場合でも上物の多様性に比べて土地の傾斜や形状の自由度は少ない。斜面や不整形地の住宅は、高度な設計力が必要であり、手間の割に利幅が小さく、ハウスメーカーにとって好ましくない。そのため、造成地はあらかじめ平坦で、四角く区切られている事が求められた。造成地には多くの谷埋め盛土が作られた背景には、結局、こうした作る側の事情が大きく影響している。後の地震によって、これらの盛土で地すべりが多発し、多くの住宅が破壊された事は、第II部で述べる通りである。

(86) 断面が二インチ（五．〇八センチ）×四インチ（一〇．一六センチ）の角材に合板を組み合わせた壁材で、箱状の空間を作っていく工法。材料が規格化されているため高度な技術はいらず、工期も短い。西部開拓時代の北米で発達した。
(87) 石山修武（1992）：バブル崩壊後の「秋葉原感覚」住宅を考える、別冊宝島150「家は建つ！」。

図16●千里ニュータウンに建ち並ぶプレハブ住宅（1963年）。この頃、パネル式プレハブ住宅が国産化され、戸建て分譲住宅として売り出された。この後、プレハブ住宅は大型化・高級化の道を辿ることになる。（提供：毎日新聞社）

土地成金たち

練馬大根は江戸野菜の一つとして有名であるが、一九五五年（昭和三〇年）ごろから生産量が激減し、現在は市場に出回ることのほとんどない希少な野菜である。練馬大根が減少した大きな原因は、栽培地（練馬区）の急速な都市化である。一九五五年（昭和三〇年）の練馬区の人口は、約一七万人であったが、一九七五年（昭和五〇年）には約五六万人に膨れ上がった（二〇一五年の時点では、約七二万人）。これとは逆に、農家の数は、昭和三〇年から昭和五〇年にかけて、二三五〇戸から一三四二戸に、経営耕地面積は約一九〇〇ヘクタールから七〇〇ヘクタールに減少した（二〇一五年の時点では、四三二戸、二八九ヘクタール）。要するに、農家が農地を売却し、宅地や工場が増えたのである。この頃、同様な現象は、都市近郊の至る所で見られ、「土地成金」という言葉も生まれた。農民は売却代金を農協に預けたので、各農協の預金高は急上昇し、中でも練馬農協は、預金者の数に比べて預金高が大きい農協としては、全国的にも注目された。しかし、こうして農協に溜まった巨額のマネーは、後に住専問題を引き起こすことになる。

宅地や工場に変わった農地の多くは、戦後の農地改革によって地主層から強制的に買い上げ、小作人たちに払い下げられた土地であった。農地改革は、終戦直後の激しいインフレの最中で行われたので、実態としては小作人たちの購入負担は非常に軽く、地主層にとっては過酷なものであった。そのため、農地改革の本来の目的（健全な自作農の形成）を逸脱する様な農民の土地成金化には、旧地主層からの反発も強かった。東京近郊の埼玉県八潮市では、大規模な農地転用が発生したため、解放された農地を容易に手放す農家（旧小作層）と、それを認めた農業委員会に対して、旧地主層から抗議ともとれる陳情が出された[88]。しかし、一九六〇年代になると、農業委員会の多数派は、旧小作層となり、農地の転用や売買に関する障害は、ほぼ無くなった。一九七〇年（昭和四五年）の農地法改正に

(88) 橘川武郎・粕谷誠（2007）：前掲注76。

よって、市街化区域の転用が、許可制から届け出制に変更されたのは、こうした現状を追認したものである。しかし、個々の地主たちが、畑の中に島状に作り出した住宅地は、区画整理がされないことが多く、そのため道路が狭く複雑で、袋小路も多い。当然、こうした住宅地は高級のイメージが付かないため、地価も比較的安い。地主層の側から見ると、協働意識の希薄さが、個人の利得の低さにつながっているわけで、「コモンズの悲劇」の一例と言えるかも知れない。

列島改造

一方、「土地成金」を目指したのは、大都市部の農民たちだけでは無かった。地価高騰が地方に波及する大きなきっかけは、一九七二年の田中内閣の誕生である。この年の六月に出版された田中角栄の『日本列島改造論』は、ベストセラーになった。七月の自民党総裁選で、田中が福田赳夫を破り、第一次田中内閣が誕生したからである。当時、人々は、「今太閤」、「コンピューター付ブルドーザー」と呼んで、田中の約束した明るい未来に期待した。実は、この本のネタ元は、自民党都市政策調査会が公表した『都市政策大綱―中間報告』（一九六八年）である。都市政策調査会の会長は、田中自身であるが、実際の執筆には、経済企画庁の下河辺淳（のちの国土事務次官）をはじめ、一〇〇人以上の官僚が参加した。田中の構想を官僚たちが集団で文章化する方式は、四年後の『日本列島改造論』でも踏襲された。列島改造論のゴーストライターには、後に作家・堺屋太一となる、通産官僚・池口小太郎も参加している。

都市政策大綱の時の官僚たちは、日本列島そのものを都市政策の対象としてとらえ、「大都市改造と地方開発を同時に進めることにより、高効率で、均整のとれた国土を建設する」と作文した。後に、新全国総合開発計画は、この大綱の方針を基礎として策定され、実行されることになる。そこには、個の利益よりも公益性を前面に打ち出す姿勢があったため、マスコミの反応は、自民党に批判的な新聞も含めて概ね好評であった。しかし、田中の列島改造論では、手法は大綱によりつつも、むしろ都市と地方の格差是正が主たる目標とされるようになる。そのための手段が、様々な「国土開発」である。そのため、日本中で主に丘陵地・台地の開発が加速されることになり、その結果、災害のリスクも増加した。例えば、横浜の南に隣接する横須賀市では斜面の開発が急速に進展し、この頃から災害の発生数が急増する。

列島改造ブームは、土地ブームとも呼ばれた。日本中が成金を目指して沸き立ち、土地、住宅やビルなどが、単なる投機の対象となった。不動産会社だけではなく、メーカーや商社まで土地を買いまくり、庶民もその波に乗り遅れまいとやっきになった。日本人の多くが土地を買い漁り、「一億総不動産屋」といわれる異常な状況であった。この頃、一九六九年から七四年までの五年間で、土地の価格は二倍半に上昇した。それも大都市部の土地だけではなく、全国津々浦々の土地が買われた。原野商法[89]が横行したのもこの頃のことである。

実は、原野商法には後日談がある。二〇〇〇年代に入り、原野を買わされた被害者たちが終活に入る年齢になった。そこに付け込んで、原野を相応の値段で買いたいと持ちかけ、測量や調査費などの名目で金を巻き上げる詐欺が横行するようになった。まさに、二次被害である。また、北海道など原野商法の舞台となった地域では、その後の災害に際して対策工事等を行おうにも、所有者不明の土地が大量に出現したため、復興が遅れる事態を招いた。列島改造ブームのツケを、数十年後の今でも払っているわけである。

崖っぷちの風景

戦後、我が国の大都市域は急速に膨張した。土地が限られていた呉や長崎では急斜面で集約的な開発が行われたが、比較的平地の広い関東では、都市はひたすら横方向に拡大していった。それは、異なる地質・地盤の地域を都市開発の前線が横切っていく光景でもあった。そのため、時期によって災害のパターンが異なるというユニークな現象が出現した。ここからは、斜面災害の時間的・空間的分布の変遷と都市開発の関係を辿ることにしよう。

関東ロームの崩壊

一九五八年（昭和三三年）の台風二二号は、伊豆半島で大きな被害を出し、「狩野川台風」として知られている。この時、東京、川崎、の斜面で多数の崖崩れが生じ、住宅にかなりの被害が発生した。警視庁赤羽警察署の裏手には、この時、倒壊した住宅から住民を助け出そうとして、再度の崖崩れで殉職した警官の記念碑が建っている。その後も全国的に造成地での被害が目立ったことから、国は三年後の昭和三六年に宅造法（宅地造成の規制等に関する法律）を制定し、宅地造成の規制に乗り出していった。この頃、東京、神奈川の都市域で頻発した崩壊の多くは、関東ロームの崖崩れであった。関東ロームとは、箱根火山や富士山など、関東の平野の西側の火山が噴火した際、偏西風にのった火山灰が平野の地表に降り積もった地層である（図17）。数万年の間に粘土化し、弱いながらも固結しているが、もともとは火山灰なので指でつぶれるほど柔らかい。地表部分は、風化しやすく、乾燥すると収縮して縦のクラックが入る。降雨があると、この縦クラックに水が浸透するため、全体が重くな

(89) 値上がりの見込みの無いような原野や山林に様々な開発計画があるように見せかけ、将来高値で売れると偽って、実勢価格よりも遥かに高値で販売する詐欺的商法。一九七〇年~八〇年代に横行した。

A

B

図17●関東ローム

A：ローム台地の地表に舞い上がる土煙（千葉県船橋市）。関東ロームはもともと火山灰が降り積もったものなので、乾燥すると軽い。強い季節風が吹く冬の関東では良く見られる光景。

B：典型的な関東ロームの露頭（千葉県船橋市）。ここでは上下二層に区分される。東京軽石は、箱根火山起源で約 6.6 万年前の噴出物。地表での風化によって、縦のクラックが発達している。

ると同時に強度も落ちる。だから、乱開発による不用意な切土で関東ロームが露出した崖は、豪雨の際には危険な場所であった。

未固結堆積物の崩壊

一九六六年（昭和四一年）の台風四号により、横浜市内では崖崩れが約五四〇箇所で発生し、二六名の犠牲者を出した。この時の崖崩れは南区や磯子区といった市の南部で発生したのが特徴的であった。崩壊した地層は、主に屛風ヶ浦層や下末吉層と呼ばれる浅い海に堆積した緩い（未固結の）砂礫層で、関東ローム単独のものは少なかった。[90] 昭和三〇年代の東京・川崎・横浜とは明らかに崩れる物質が異なっていた事がわかる。こうした砂礫層は、水平な不整合（大きな時間間隙）で中里層と呼ばれるシルト層を覆っている。このシルト層は、固結しており、しかも水をほとんど通さない。つまり、地下に浸透した大量の雨水は、砂礫層を飽和させると、不整合面から斜面に溢れだした。その際、水だけでなく土砂も流すので、上部の砂礫層の斜面が崩壊したと考えられる。

（90） 大八木規夫（1967）：台風4号による横浜市内のがけくずれ、防災科学技術4。

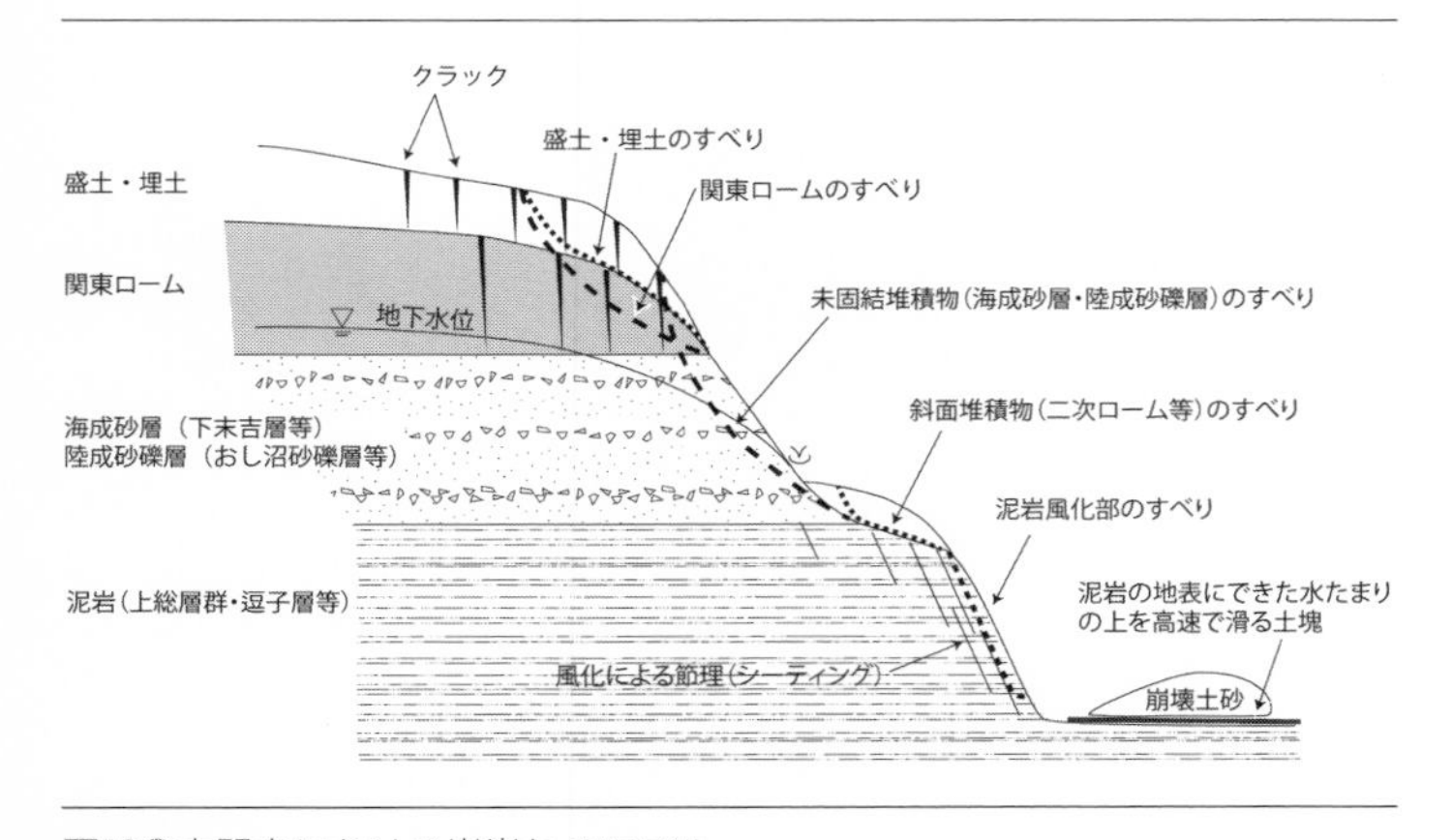

図18●南関東における崖崩れのモデル

崖に引っかかった地層

関東ロームや未固結砂礫層といった由緒正しい（名のある）地層以外に、斜面には盛土や過去の崩壊の残りが引っかかっている事がある。これらは二次ローム（盛土などによって、元の構造を失ったローム）や崖錐、あるいは斜面堆積物などと呼ばれるが、その分布は不規則で実態ははっきりしない。しかし、ローム台地の災害では、こうした物質が崩壊した例も多かった。見た目では、二次ロームはオリジナルな関東ロームと区別することが難しい。しかし、関東ロームは、乱されると強度を著しく低下させる性質があるため、斜面上の二次ロームは危険な存在である（図18）。

現在、南関東のローム台地の崖のほとんどは、コンクリート構造物で覆われ、通常の豪雨程度では崩壊しなくなっている。しかし、最近の極端な豪雨によって、再び崩壊する事例も出てきた。例えば、二〇〇六年八月九日、東京の西五反田で小さな崖崩れが起き、ちょっとしたニュースになった。二次ロームの崩壊だと思われる。この事件は、都心でも崖崩れのリスクが完全に解消されていないことを示している。

多摩へ——パイプの発見と生田事故

斜面水文学の進歩

一九六五年（昭和四〇年）、多摩ニュータウンの開発計画が正式に決まった。この頃から、斜面災害の舞台は、京王や小田急の路線に沿うように都心から郊外の丘陵地に拡がって行く。開発に伴って、多く発生するようになった丘陵地での斜面災害は、その後の研究の大きなモチベーションになった。この課題には多くの研究者が貢献したが、その成果は簡単に言うと以下の様である。[91][92]

○多摩丘陵の斜面に浸透した降雨は、ソイル・パイプ（以下、パイプ）と呼ばれる自然にできた排水孔を通って地表に噴出する場合が多い。また、この排水経路が大きい場合、「水みち」と呼ばれることもある。

○一度、パイプができると、地下水はそこを選択的に流れ、パイプネットワークは自己発展的に拡大して行く。

○降水量が多く、パイプの処理能力を上回るほどの大量の地下水が供給された場合や地表を流れた土砂等でパイプの出口が塞がれた場合は、斜面内部で地下水の圧力が急速に高まってくる。

○閉塞されたパイプ内部の圧力は、しばしば前面の地盤を吹き飛ばすほど大きい。その結果、崩壊した（吹き飛ばされた）土砂は多量の水と共に一気に斜面を流れ下る。

○上記の過程を繰り返すことにより、斜面に谷が発達する。

工学的に斜面安定を議論する場合、ダルシー則[93]を前提とし、地下水圧を静水圧に置き換えるのが普通である。しかし、丘陵地斜面での地下水は複雑なパイプのネットワークを形成しながら流れている。こうした斜面では、工学的計算の前提条件は成り立たない。多摩丘陵における崖崩れの研究は、こうした重要な成果を残した。

その後、パイプネットワークはあちこちの斜面崩壊の現場で発見されている（図19）。最近では、平成三〇年（二〇一八年）西日本豪雨の際、六甲山の崩壊斜面で見つかった直径一メートルに及ぶ巨大なパイプ孔が顕著な例である。この時、この崩壊を源頭部とした土石流が発生し、下流のニュータウンに土砂が流入した。

生田事故の衝撃

一九七一年（昭和四六年）、川崎市生田緑地で行われた崖崩れ実験の際、研究者や報道関係者等の一五名が崩壊土砂に巻き込まれて亡くなった。実験は、丘陵地の崖に大量の水を放水し実際に崩壊させるというものであったが、そもそも試験地の斜面には平均的な厚さ二メートル（最大厚さ四メートル）の人工的な捨土（二次ローム）が堆積していた。崩壊した土の大半は、この捨土であり、変形を始め

(91) 新藤静夫（1993）：斜面災害における地中水の集中流現象、第四紀研究 三二―五。
(92) 新藤静夫（2013）：コラム35「地下水研究50年史――斜面災害と地下水（2）」、新藤静夫の地下水四方山話、http://www.jkeng.co.jp/column.html。
(93) 土中の間隙を流れる水の速さは、水圧の勾配に比例するという経験則。一八五六年にフランスのDarcyによって提唱された。土の間隙が全て水で満たされている事（飽和状態）、さらに、地下水が地層と平行に整然と流れる事（層流）を前提として成り立つ。

図19●パイプと水みち―丘陵斜面における地下水の不均質な流れ―

A：崩壊した斜面に残されていた多数の「パイプ」（矢印）。豪雨時にパイプ孔から噴き出した高圧の地下水が、前面の土層を押し出したと考えられる。2018年7月には、ここから始まった土石流が神戸市灘区篠原台に流入した。

B：降雨後、切土斜面に顕れた地下水の「水みち」（房総半島北部）。不飽和帯中の地下水は、地質構造に規制されつつ、不均質に流れている。

ると一気に泥濘化し、斜面に吹き出した大量の水と共に斜面を流れ下った[94]。つまり、実験の目的は、関東ローム層の崩壊実験であったが、実際に崩壊したのは関東ローム層ではなかった。境界条件が最初から違っていたわけである。しかも、斜面の中腹より下方は、不透水性の泥岩が露出し、表面はツルツルと滑るような状態であった。そのため、予想以上に土砂が高速化（時速約二〇〇キロメートル）し、長距離（約九〇メートル）を移動したため、事故につながったと考えられている。

同様な災害のパターンは、それまでも丘陵の斜面では繰り返されていたが、研究者が一連の過程を目にする機会はあまりなかった。その意味で、この事故は貴重な事例でもあり、研究者達は土砂移動に関する新たな知見を得ることができた。特に、崖際の盛土（捨土）の危険性を強調できる事例として、重要である。しかし、それと同時に、この事故は、後の斜面災害の研究に負の影響を与えた。すなわち、平泉渉科学技術庁長官は更迭、崩壊の現地実験はその後行われなくなり、主要な参加機関の一つであった地質調査所では、斜面災害の研究グループが消滅した。事故の衝撃はそれほど大きかったと言える。

（94）新藤静夫（2015）：コラム53「川崎市生田緑地の崩壊実験事故」、新藤静夫の地下水四方山話、http://www.jkeng.co.jp/column.html。

横須賀ストーリー——泥岩の坂道

崖の街

横須賀は、幕末までは普通の農漁村に過ぎなかったが、一八六五年（慶応元年）、幕府によって製鉄所が開設され、都市としての発展が始まった。明治政府によっても海軍鎮守府や海軍工廠などが配置され、軍港、軍事産業都市として急速に発展した。当時の宅地は、主に上町（うわまち）と呼ばれる丘陵の緩斜面と浦賀道沿いの谷戸の内部に拡がっていた。大正〜昭和には、地元の資本によって、石積みや擁壁を伴うミニ斜面開発が行われ階段状に住宅が建ち並ぶ様になった。それらの多くは、海軍士官や技術者向けの借家であり、横須賀も呉や佐世保と似た経過を辿り、良く似た景観が作られた[95]。

一九六〇年代後半から七〇年代後半にかけての宅地開発ブームは、京浜急行に乗ってこの地域にも押し寄せてきた。それ以前、昭和三〇年代の横須賀における宅地開発は行政が主導していた。一九五九年から始まった立野団地が最初である。しかし、昭和四〇年代になると、宅地開発に民間業者が参入し開発は一気に活発化した。一九六五年に始まった湘南鷹取団地、一九六六年の長銀団地（若宮台）、一九六七年の池田団地、ハイランド団地、第百野比団地（現粟田団地）は、この頃に開発された大規模団地である。

これらの大規模団地は、基本的に丘陵の平坦化によって造成されたので、内部では多くの切土盛土が行われ、周縁ではオリジナルな丘陵斜面とのギャップ、すなわち崖ができている。さらに、その周囲では、道路等のインフラ整備によっても崖が形成されている。また、こうした大規模団地の周囲では、中小の開発が行われ、崖はどんどん増えていった。これらの新しい崖と軍港横須賀以来の古い崖の合算によって、崖の街・横須賀が作られた。

崖が多ければ、崖崩れも多い。一九七四年（昭和四九年）七月、台風八号によって刺激された梅雨前線の活動による豪雨（横須賀市で二五二ミリ）により、横須賀市では一五六四箇所の斜面崩壊が発生した。地元で「七夕豪雨」と語り継がれている災害である。この時崩壊した物質は、風化した泥岩、二次ローム、斜面上の盛土の順に多かった[96]。盛土の崩壊が多いのは、この時期の都市の斜面災害に共通する特徴である。その後も昭和五二年から昭和六一年までの一〇年間に一一九五箇所で崖崩れが発生した。最近では、二〇一四年六月の豪雨により、ハイランド団地入り口の道路法面でやや大規模な

（95）双木俊介（2014）：軍港都市横須賀における宅地開発の進展と海軍士官の居住特性、歴史地理学野外研究16。
（96）芥川真知ほか（1975）：一九七四年七月豪雨による横須賀地区の斜面崩壊の実態、第12回自然災害科学総合シンポジウム。

崖崩れが発生した。また、この地域の重要なインフラである京浜急行沿線には、必然的に切土斜面が多い。切土斜面の上部には自然斜面が残されている場合、それらは鉄道の切土によって末端が切られていることになる。そのため、豪雨によってしばしば崩壊が起きている。一九九七年四月と二〇一二年九月には、そうした崩壊土砂が線路を塞ぎ、列車が乗り上げ、脱線する事故が発生した。

崩れる地層

三浦半島における崖崩れは、実に特徴的な分布をしている。崖崩れは、浦賀―横須賀―逗子を結ぶ東京湾と浦賀水道に面する丘陵地に集中しているのである。この辺りは、地質的には逗子層と呼ばれる塊状泥岩の分布域である。[97][98] つまり、三浦半島の崖崩れは、特定の地域に分布する特定の地層に集中している点が特徴であり、地質の特徴に人間活動が重なった結果起きている現象として説明できる。

まず地質であるが、この逗子層の塊状泥岩は固結して比較的堅く、しかも水をほとんど通さない。そのため、斜面では自然状態でも表層土（表土、ローム、斜面堆積物、強風化泥岩）との間に著しい強度の違いや水理的な不連続面が存在する。こうした斜面で人間が切土や盛土を行うと、しばしば、力学的・水理的バランスを崩してしまう。例えば、豪雨時に地中にしみこんだ水は、泥岩の上面に達すると、出口を求めて水みち作りながら横に移動し、斜面に吹き出す。通常はこの過程がゆっくり行われるので問題無いが、開発によってバランスが崩れていると地下水と土砂が一気に吹き出すので災害に至るのである。一九七四年七月の三洋台団地や二〇一四年六月のハイランド団地の崩壊もこの様なメカニズムで起きたと考えられる（図20）。

このメカニズムは、昭和四〇年代に横浜南部で起きていた崩壊と基本的に同じであるが、さらに逗子層特有の崩壊も存在する。実はこの厚い塊状泥岩は、風化すると崖に平行な分離面（シーティングジョイント）が形成される性質がある。つまり、薄く剥がれやすくなるのである。こうした斜面で不用意に崖を作ろうとすると、しばしば末端部を切り飛ばすことになり、不安定な斜面ができて、いずれ崩壊することになる。

(97) 青木則宏（2000）：高度成長による南関東都市域の斜面災害、日本大学修士論文。
(98) 江藤哲人・矢崎清貫・卜部厚史・磯部一洋（1998）：横須賀地域の地質、地質調査所。

A

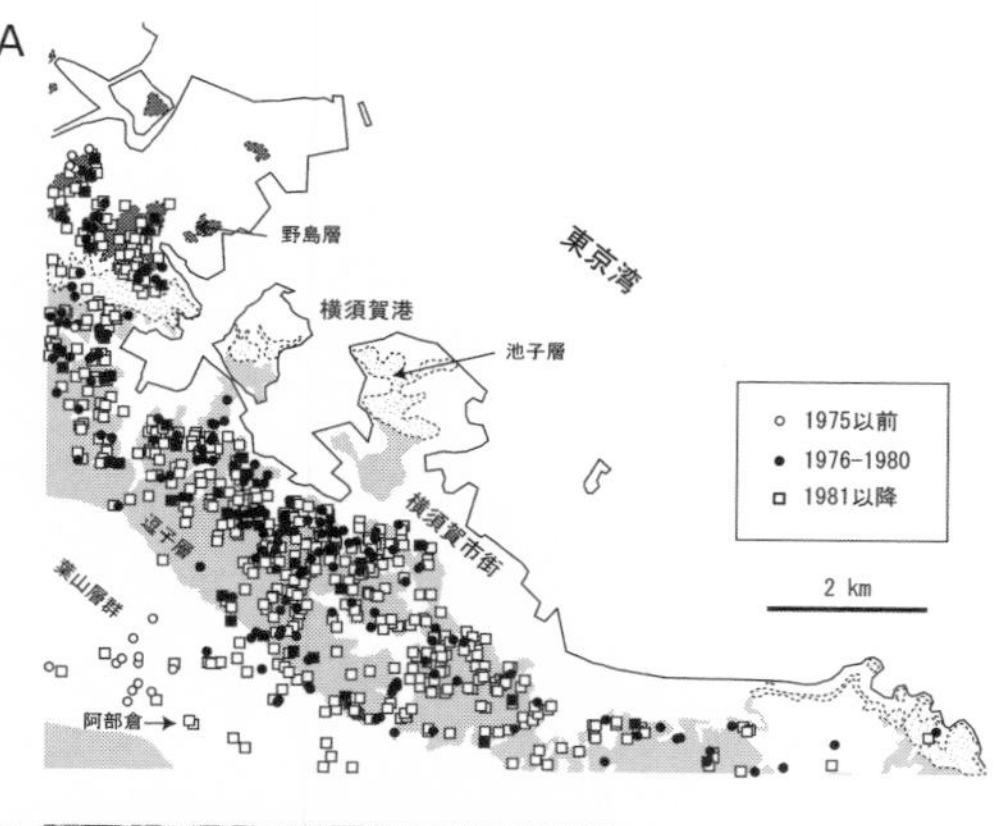

B

図20●横須賀市郊外の斜面崩壊（崖崩れと地すべり）

A：斜面崩壊（崖崩れと地すべり）の分布。大部分は、崖崩れで、1970 年代半ば以降、山地・丘陵地を作る逗子層の泥岩分布域（シャドー部）で集中的に発生している。（データは、地質調査所：「横須賀地域の地質」による）

B：1974 年 7 月 8 日、台風 8 号による豪雨（七夕豪雨）によって横須賀市三洋台で発生した崖崩れ（提供：毎日新聞社）。白く光っている面が、泥岩のシーティングジョイント。三浦半島・鎌倉地域では、このタイプの崖崩れが非常に多い。

湘南の変貌——古都鎌倉の内と外

鎌倉山誕生

湘南地区は、明治後半から東京や横浜の文化人や政財界人の別荘や隠棲の地として発展した。しかし、一九二三年の関東大震災のこの地域にも深刻な被害を与えた。特に鎌倉では、約七〇％の家屋が全壊し、由比ヶ浜に波高九メートルの津波が押し寄せた。しかし皮肉な事に、鎌倉では復興によって人口が流入し、住宅地の開発も進んだ。一九二八年（昭和三年）には、我国最初期の丘陵地開発である鎌倉山地区の開発が着手された。菅原通済によるこの開発は、当時流行した田園都市の理念のもと、わが国初の自動車専用道路である大船—江ノ島道路を中心に進められた。その後、鎌倉山は西武に買収されて区画の細分化が進んだが、住民の努力によって中心部分では開発当初の理念が受け継がれ、今も高級住宅地のイメージが保たれている。

多発する崖崩れ

鎌倉では、一九六六年（昭和四一年）〜一九八六年（昭和六一年）の二一年間に一三五七箇所で崖崩れが発生している。[99] すべて、集中豪雨か台風によるものである。横須賀に比べて総数は少ないものの、単純に計算すると一キロメートル四方当り約三五箇所ということになり、密度は高いと言える（横須賀では一〇年間に約一二箇所／km^2）。

こうした鎌倉の崖の多くは、実は人工的に作られたものである。奈良や京都に比べて、鎌倉の平地は狭い。この狭い平野に全国統治機能を持った本格的な都市を建設するためには、中世（主に、鎌倉時代）においても山裾を削って谷を埋めるという宅地造成が必要であった。現在、鎌倉市内を観光で訪れた人々は、古刹の庭園や街道の切り通しで泥岩や凝灰岩の崖を目にしているであろう。これらのほとんどは、この中世に作られた人工の崖であり、その分布は鎌倉市街の谷戸、中世の主要交通路、代表的な神社仏閣の周囲に及んでいる。[100] そして、市中の崖崩れは、これらの中世の崖の分布域で発生している。つまり、中世以来、鎌倉では都市計画が、斜面災害の発生に影響を及ぼしているのである。

上記の一三五七箇所のうち、市内で発生した崖崩れの大部分は、逗子層と呼ばれる塊状泥岩の分布域と一致する。これは、三浦半島全域に共通する特徴であり、崖崩れのメカニズムも横須賀の場合と同じである。しかし、西部の深沢地域（梶原、鎌倉山、笛田、寺分）には、昭和四〇年代の一時期、上とは異なるタイプの崖崩れが発生した。[101] 鎌倉の地質は、市の中央部に逗子層主部の塊状の泥岩、その外側の稜線付近では池子層の凝灰岩（市街北西の源氏山付近にややまとまって分布）、さらに外側の丘陵は浦郷層と呼ばれる固結度の低い砂岩が分布する。一九七五年（昭和五〇年）頃まで深沢地域の宅地造成地周辺多発していた崖崩れは、団地のために新たに作られた道路法面の崩壊が多かった。軟らかい浦郷層の砂岩は重機で削れるので宅地造成が簡単であるし、半分固結しているので新鮮部は急斜面を保つ事ができる。しかし、完全に固結しているわけではないので、表層一メートル程度は時が経つと次第に緩んでくる。緩んだ砂層は極めて軟らかく、豪雨によって水を大量に含むと崩壊に至るのである。同様の浦郷層の崩壊は、同時期に鎌倉逗子ハイランドでも発生している。

昭和の「鎌倉攻め」と「御谷騒動」

昭和三〇年代後半（一九六〇年代前半）、鎌倉では民間デベロッパーによる宅地開発や霊園開発が空

(99) 神奈川県環境部環境管理課（1989）：神奈川県アボイドマップ（横須賀・三浦地区）。
(100) 河野眞知郎（2015）：中世都市鎌倉の環境――地形改変と都市化を考える、鎌倉考古学の基礎的研究、高志書院。
(101) 青木則宏（2000）：前掲注97。

間的かつ時間的に集中して行われた。鎌倉を取り囲む周縁部の丘陵地では、尾根を削り谷を埋め、土地を平坦化する地形改変が、広範囲で同時並行的に行われた。当時は行政を含む開発者側の防災に関する意識は乏しく、取り付け道路や団地周縁部で大量の崖が誕生した。

当時の集中砲火的な宅地開発は、不動産開発業者による「昭和の鎌倉攻め」と呼ばれた。業者側の強引な手法も目立ったため、各地で住民との間に軋轢を生んだ。その代表的なケースが、一九六四年(昭和三九年)に勃発した「御谷(おやつ)騒動」である。[102] この事件は、鶴岡八幡宮後山の開発に対する住民の反対運動であった。大佛次郎を初め、多くの著名な作家・文化人が運動のメンバーに名を連ねたため、空前の盛り上がりを見せた。この運動は、対象地域をわが国初のナショナルトラスト[103]とすると共に、一九六六年(昭和四一年)に古都における歴史的風土の保存に関する特別措置法(古都保存法)を成立させる形で結実した。

外側の世界

御谷騒動によって、鎌倉内部の森林は守られたが、神戸川、行合川流域を初め、外側の丘陵地では開発が進行した。典型的な例が、一九五七年(昭和三二年)の西武による七里ヶ浜団地の造成である。国道一三四号線で江ノ島から鎌倉に向かうと、鎌倉プリンスホテル付近の海側に広い駐車場が見えてくる。この駐車場は、七里ヶ浜団地造成時の残土を西武が不法投棄した跡である。[104] その後、コンクリート護岸が作られ恒久施設となった。一九六四年、西武はこの部分の払い下げを受け、わが国では珍しい私有の海岸線が誕生した。もっとも、こうした開発は、中世都市鎌倉でも行われていた。中世においても谷戸の斜面を削った土砂（土丹）で海岸付近の低地を埋めていたのである。その結果、鎌倉の地盤は全体にオリジナルの地表から二、三メートル高くなっている。

一方、同様な地盤のかさ上げは、谷埋め盛土という形で現代の鎌倉でもさかんに行われた。その詳細な分布は、鎌倉市の大規模盛土造成地マップで確認する事ができる。[105] これによると、大規模な谷埋め盛土が、鎌倉山地区を除くほとんどの住宅団地に意図的、積極的に作られたことがわかる。しかし、こうした谷埋め盛土は、地下に埋もれた崖のようなもので、地下水等の条件が整えば震度六以上の揺れで地すべり的に滑り出す。そして、鎌倉は、歴史的にそうした地震に何回も襲われた場所である。「昭和の鎌倉攻め」は、将来にわたる深刻な防災上の問題を鎌倉に残したと言える。

（102）高木規矩郎（2003）：湘南20世紀物語、有隣堂。
（103）自然環境や歴史環境を保護するために、住民がその土地を買い取ることにより保存していく制度、運動のこと。
（104）山本節子（1997）：西武王国、三一書房。
（105）鎌倉市（2018）：大規模盛土造成地マップ、https://www.city.kamakura.kanagawa.jp/kaishidou/daikibomoridomap.html。

Column 3

都市の地下水

都市化という現象を「水の流れ」から見ると、人工構造物による被覆や表層地盤の転圧（堅く締め固めること）によって「不浸透域が増大する現象」であると言える。自然の丘陵地が宅地化（都市化）されると、不浸透域に降った雨のほぼ全量が都市斜面を流れて排水路に流れ込み、洪水流量が増大する。つまり、洪水が発生しやすくなる。こうしたタイプの洪水（内水氾濫）は、一九七〇年代以降しばしば発生し、やがて「都市型洪水」とも呼ばれるようになった。一方、排水路や擁壁が老朽化していると、斜面を流れ下った大量の表面水が亀裂や隙間に入り込むことになる。これらが、擁壁や石垣の裏側で被圧水化すると、災害の原因となる場合がある。実際に、二〇〇二年（平成一四年）の八月一〇日豪雨に呉市三津田で発生した崖崩れ（一名死亡）は、こうした斜面災害であった。現地は、二〇〇一年（平成一三年）三月に発生した芸予地震で大きな被害を受けた地域である。石垣や道路にもひび割れが見られた。その事が災害の背景にあったかも知れない。

都市化によって、われわれを取り巻く地下水環境は変化し見えにくくなったが、地下水そのものが無くなったわけではない（図）。地下水は、ゆっくりと海に向かって流れ、途中で下水道や地下鉄、地下街に流れ込んでいる。都市の下水道に流れ込む地下水は膨大な量で、東京都区部の下水処理施設からの排水のうち、下町では三〇〜五〇%、山の手では約一〇%が地下水であると言われている。汚水を処理しているのか、貴重な地下水を捨てているのかわからない状態である。一方、上水道からの漏水も膨大であり、都

図●都会の地下水の例。大崎駅西側に見られた恒常的な湧水。この付近は目黒川の右岸で、崖に武蔵野礫層が露頭していたため、古くから湧水が豊富であった。この崖は再開発ビルで覆われて見えなくなったが、地下水は脈々と流れているに違いない。

心では地下水の新たな涵養源となっている。一九九二年の試算によれば、東京都区部での漏水量は実に四九万トン／日であり、年間降水量の約二五％に達すると言われている[106]。まさに、「水みち」が人工的に作り出されたわけである。これに加えて、東京都では地下水の汲み上げ規制が実施されて久しい。そのため、都心部では地下水位の上昇によって浮力で地下駅が変形するなど、地下構造物にも予想外の影響が発生している。普段、地下水を意識すること無く暮らしていても、われわれの生活はいつの間にか、地下水流動系の一部に組み込まれている。地下の水音はその事を問いかけているようである。

(106) 安原正也（1997）：都市の地下水に今なにが起きているのか——量的な視点から、地質ニュース513。

第4章 オイルショック期——谷間の時代の宅地災害

高速成長からのギアチェンジ

視界不良の時代

全国各地に「狂乱地価」を生んだ列島改造ブームの終わりは、意外に早くやってきた。列島改造論が前提としていた一〇%成長が達成できなくなったからである。一九六〇年代の終わりごろから陰りを見せていた高度経済成長は、一九七一年のドルショックと一九七三年の第一次オイルショックによって終焉を迎えた。一九七四年の経済成長率は、マイナス〇・二%と、戦後初めてのマイナス成長を余儀なくされた。しかも、石油価格の上昇によって物価が異常な上昇をする「狂乱物価」が出現した。つまり、不況と物価のインフレーションが同時に存在する状態、スタグフレーションが、昭和恐慌以来、約四〇年ぶりに現実になったのである。こうなると、さすがの土地ブームも一気に冷め、不動産業界は「冬の時代」を迎えた。

しかし、経済の低迷期は長くは続かなかった。企業の努力によって、産業構造は半導体や自動車などの加工産業、サービス業という「軽薄短小」への転換が進み、経済成長率も七〇年代後半には、五%前後の中成長に落ち着いた。一九七九年にイラン革命による第二次石油ショックが起きるが、産業構造転換が進んでいたため、影響は軽微にとどまり、わが国の経済は一九八〇年代の好景気に向かってゆく。

世帯数の変化は、宅地開発に大きな影響を与える。一九六〇年～一九七五年の一五年間における世帯数の増加率は、約六〇%という高い割合であった。これに対し、一九七五年～一九九〇年は約二〇%に低下する。この結果、一九七〇年代後半、量的な意味では、不動産開発の拡大にはブレーキがかかった。しかし、地価は上昇したので開発による収益が期待できる状況は維持された。この頃、団塊の世代が三〇代となり、持ち家の需要が増加したことも宅地開発の下支えに効果をもたらした。核家族化が急速に進行し、一九七五年の平均世帯人数は三・二八人となった。夫婦と子供だけのニューファミリーは、古い都心を離れて、郊外のニュータウンを好む傾向があった。一九七七年に創刊された雑誌『クロワッサン』は、そうしたニュータウンに住む女性に強く支持されたのである。

日本列島改造論では、新幹線と高速道路網で都会と地方を結べば、地方に産業が育ち、安定的な雇用が生まれるはずだった。しかし、実際にはそうはならず、製造業は現地生産という形で海外（特に、米国）に移転した。変動相場制と貿易摩擦という、国際環境の変化に対応するためである。その結果、列島改造論（＋それに基づく施策）が、時代遅れになったことは、一九七〇年代後半には明白となった。しかし、一度決めた政策は止まれない。産業構造の変化を無視して進められた莫大な公共投資によって、地方にインフラと建設業（つまり雇用）だけは生まれた。しかし、地方の雇用を維持するにはインフラを作り続けなければならない。こうして、地方の産業構造は、行政支出でしか回らない構造になってしまった。しかも、せっかく作ったインフラ（高速交通網）は、東京が地方から人と物を吸い上げる装置となった。こうして、東京一極集中の国土構造が完成した。皮肉なことに、列島改造論は、東京をますます富ませ、地方の疲弊を加速させたのである。ただ、それが鮮明になるのは、もう少し後の時代である。

現在、地方都市近郊の高速道路や新幹線の沿線で見かける、ニュータウンや工業団地は、この時代に計画され、作られたものが多い。その中には、谷埋め盛土などの人工地盤や自然斜面の地すべりや土石流のリスクに曝されている場合もある。実際、一九七八年に宮城県沖地震、一九八二年に長崎大

A

B

図21●谷埋め盛土地すべりの出現

A：最初の犠牲者（4名）を出した谷埋め盛土の地すべり（提供：毎日新聞社）。剣吉中学校の校舎は、背後から続く谷を埋めた盛土を跨いで建てられていた。1968年十勝沖地震によって、この盛土が崩壊し、避難途中の中学生が巻き込まれた。（青森県南部町剣吉）

B：1978年宮城県沖地震の際、仙台市緑が丘3丁目で発生した谷埋め盛土の地すべり（出典：河北新報社『'78宮城県沖地震——その記録と教訓』(1978)）。この災害で谷埋め盛土地すべりが広く認知された。

水害、一九八五年に地附山地すべり災害という様に、顕著な災害が続けて発生した。オイルショックからバブル経済の発達に至るこの視界不良の時代は、現在のわれわれが直面している都市の斜面災害のメニューが出そろった時期でもある。

谷埋め盛土地すべりの出現

既に戦前から都市化していた東京二三区や阪神間を除き、丘陵の宅地開発は、一九五〇年代の後半から中心部に近い地域から始まった。当初は、丘陵斜面（旧地表面）に沿って雛壇に造成するという小規模なものであったが、一九六〇年代に入ると大型化し、尾根を削ってその土砂で谷を埋める大規模な造成が行われるようになった。多くの都市では、一九六〇年代中期には、そうした谷埋めを伴う開発を経験し、一九七〇年代に入ると更に周辺部に開発が波及していった。当時から、何人もの地質学者や地形学者が、そうした宅地開発の危険性を指摘していたが、彼らの声は列島改造ブームの中で省みられることは無かった。

そうした中、一九六八年の十勝沖地震では、谷埋め盛土地すべりで最初の犠牲者が発生し、谷埋め盛土の危険性が証明された（図21A）[107]。犠牲になったのは、青森県南部町（旧名川町）剣吉中学校（現在は廃校）の生徒四名であった。彼らは、避難の途中、校舎玄関前の通路で、崩れ落ちた谷埋め盛土に級友四〇人と共に巻き込まれたのである。[108] しかし、農業地帯での出来事であったため、この地すべりと、このの ち都市で頻発する、宅地盛土の災害を結び付けて考える専門家は少なかった。

結果的に、膨大な数と面積の谷埋め盛土が、山の手の住宅地に形成され、そして、やはり危惧されたとおりの状況となった。すなわち、一九七〇年代の終りごろから、各地で、地震による谷埋め盛土地すべりが発生する様になったのである。谷埋め盛土地すべりが多発した場合、一回の地震で数十の死者や数千の家屋の損傷といった大きな被害が発生する。この新しいタイプの地すべりは、見かけ上は安全と考えられる平坦な山の手の住宅地で発生するので、多くの住民はリスク（谷埋め盛土）の存在を意識することなく暮らしている。さらに、そうしたリスクそのものは、宅地開発の過程で人為的に生み出されたものである。すなわち、谷埋め盛土地すべり災害は、危険性の認識とリスクが誕生した過程が、従来の崖崩れや地すべり災害とは本質的に異なっている。都市の宅地災害は、谷埋め盛土地すべりの出現によって新たなステージに入ったと言える。

戦後初の都市型地震災害——一九七八年宮城県沖地震

戦後初の都市型地震災害

一九七八年（昭和五三年）六月一二日に宮城県沖で発生したマグニチュード七・四の地震は、仙台市を中心とする都市圏に多くの被害を与えた。こうしたマグニチュード七クラスの地震は、宮城県沖では明治以降一一回も発生している。しかし、一九七八年宮城県沖地震は、一九三七年、一九三八年の金華山沖地震に比べ、地震マグニチュードの割に被害がきわめて大きい地震として注目される。これは、仙台都市圏が戦後大きく発展し、生活環境がこの間に大きく変わったためであると考えられる。すなわち、日本人にとって、この地震は、現代化された大都市がまとまった地震被害を受けた最初の例として、重要な意味を持つ。

(107) 盛土の材料には、十和田火山由来の軽石主体の地層が使われていた。
(108) 黒田和男・垣見俊弘・安藤高明（1968）：一九六八年十勝沖地震　青森県東南部地域の予察、地質ニュース168。

この地震では、死者二八名、負傷者一万一〇二八名、建物の損壊は一七万九二二五棟に達した。[109] しかし、家屋全壊率は、〇・三%と低く、大規模な火災も発生しなかったことから、都市の震災としては中程度以下とされた。これは、仙台中心部の地盤が比較的良いためと、現代の都市システムが全体としては耐震性を向上させていたためと考えられる。壊滅的な被害を受けた地域が少なかったことが、このことを端的に示している。こうした全体的にやや「薄い」被害の中で、特に注目されたのは、液状化、ライフラインの被害、宅地造成地の斜面崩壊（谷埋め盛土地すべり）、ブロック塀の倒壊であった。こうした都市型地震被害セットは、その後の都市地震災害に繰り返して出現する定番の被害パターンとなった。この点にも、宮城県沖地震の現代的特徴が良く顕れている。

谷埋め盛土の災害

造成地の谷埋め盛土地すべりは、この地震によって、改めて世間に注目された。谷埋め盛土の地すべりは、仙台市緑ヶ丘、南光台、鶴ヶ谷、白石市寿山第四団地等で発生した（図21B）[110]。多くの住宅が被災し、一名が亡くなった。地質学者や地形学者の懸念[111]が的中した訳である。だが不思議なことに、当時、これらの谷埋め盛土の地すべりそのものはいわば「仙台の古い盛土（昭和四三年新都市計画法施行以前）限定」の災害として処理された。つまり、一九六八年十勝沖地震の時と同じ論法である。

確かに、被害の発生した造成地の数を造成地全体の数で割った割合を年ごとに比べると、宅造法すら無かった一九六一年（昭和三六年）以前は造成地全体の八九％、一九六二年（昭和三七年）から一九六八年（昭和四三年）の宅造法のみの七年間は全体の六四％の造成地で谷埋め盛土地すべりが発生した。これに対し、一九六八年（昭和四三年）に新都市計画法が制定され、開発許可制度が始まってからは、被害のあった造成地は全体の二一％に減少している。[112] しかし、この統計は、造成地の件数のみで比べているに過ぎない。つまり、本来は個々の盛土の面積や数毎に比較するべきであるが、その作業を省略しており、母数の取り方に関する統計的な信頼性に疑問がある。したがって、一九七〇年代の造成地で被害が少なかった原因が直ちに規制の効果であるかどうかは、意見が分かれる点である。さらに、仮に開発許可制度の効果が上がっているとしても、被害の発生率は、二割以上もあるわけである。決して、小さいとは言えない数字である。

（109）宮城県（1980）：'78宮城県沖地震の災害の教訓——実態と課題、宝文堂。
（110）東北大学理学部地質古生物学教室（1979）：一九七八宮城県沖地震に伴う地盤変状と被害について、東北大地質古生物研邦報80。
（111）例えば、田村俊和（1977）：山・丘陵——丘陵地の地形とその利用・改変の問題を中心に、土木工学体系19　地域開発論（Ⅰ）、彰国社。
（112）損害保険料率算定会（1992）：人工地盤における地震被害予測に関する研究、地震保険調査研究33。

さらに、盛土の地すべりは、他の都市では起きにくいという議論があった。ひたすら問題を小さく見せようとする動きの一環であるが、中には一片の真実もあった。それは、仙台の丘陵を作っている地質である。仙台では、造成時に削られて盛土に使われたのは、丘陵の基盤である第三紀層の砂岩、泥岩である。これらは、湿潤と乾燥の繰り返しによって、ただの砂や泥に分解してしまう性質があり、スレーキング現象と呼ばれている。この現象は、普通は地表で見られるが、地下水位が上下する環境では、地下でも起きる。仙台の盛土は、そういう環境にある場合が多い。そのため、「盛土が弱くなり、地すべりが起きた。他の都市では同じ様な材料を使っていないので安全」という理屈が考えられた。しかも、「仙台では動くべき盛土はあらかた動いたので、将来は安全」という解説もあった。

しかし、第Ⅱ部で述べる様に、これらの都合の良い理屈が通るほど、現実は甘くないことを、われわれは次の一九九五年阪神・淡路大震災や二〇一一年の東日本大震災で思い知ることになる。歴史的に見れば、一九七八年当時に谷埋め盛土地すべりの本質を正しく認識し防止策を講じていれば、その後の被害は軽減できたかも知れない。その意味で、この地震は、谷埋め盛土地すべりを広く認知させると同時に、そのリスクに関するノーマルシーバイアス[113]を、有識者も含めて広く共有してしまった地震であると言える。

●長崎の雨——一九八二年の山崩れ

水害か土砂災害か

一九八二年（昭和五七年）は梅雨入りが遅く、七月上旬までは小雨だった。しかし、梅雨末期に入ると、七月一〇日から二〇日にかけ、西日本各地で、日降水量が一〇〇ミリを超える大雨が相次いだ。例えば一六日には広島市で二二三ミリ、二〇日は長崎市で二四三ミリといった具合である。西日本では、地盤の緩みによる土砂災害が発生しやすい状況だったと言える。そして、七月二三日から二六日にかけて、九州北部を横切る梅雨前線上を低気圧が東進したのに伴い、西日本各地で豪雨が発生した。特に、長崎市では同日一九時からの三時間に三一五ミリ、日雨量では五〇〇ミリを超す記録的な豪雨となった。これにより、長崎市を中心に河川の氾濫、住宅の浸水、崖崩れ、山腹崩壊（深層崩壊）、土石流が多数発生し、死者・行方不明者二九九名、住宅被害三万九七五五戸、崖崩れ四三〇六箇所、

（113）自分や自分たちに都合の悪い情報を無視したり、過小評価してしまう心理。

地すべり一五一箇所という大災害となった。気象庁によって「昭和五七年七月豪雨」、長崎県によって「7.23長崎大水害」と名付けられたこの災害は、一般的に長崎大水害と呼ばれている。

「土砂災害防止月間」という言葉を聞いたことがあるだろうか。土砂災害に関する理解と関心を深めることを目的とした啓発運動である。一九八三年に創設され、毎年梅雨の六月一日〜三〇日に実施されている。この土砂災害防止月間創設のきっかけは長崎大水害であった。もう一つ、各地の気象台は、その地域で数年に一度しか発生しないような短時間の大雨を観測したとき、記録的短時間降雨情報を発表する。これが出されるということは、現在の降雨がその地域で災害につながりかねないまれな豪雨ということである。この情報（宣言）が出されるようになったきっかけも長崎大水害であった。

この様にいくつかの新しい制度までもたらした長崎大水害は、その災害規模だけで無く、「都市型土砂水害」の代表例としても記憶に留められている。その理由は、二つある。一つは、ライフラインの途絶、車の流失と運転者の被災、地下街への浸水等、高度にインフラが集積した現代都市において、典型的と思える浸水被害が多発したからである。そしてもう一つ、人的被害の多くが土砂災害によってもたらされた点に、この災害の現代的特徴が見られる。すなわち、河川堤防の整備など洪水対策が進み、溺死者が減った結果、死者・行方不明者のおよそ九割（八七.六％）は土砂災害による犠牲者であった。したがって実際には、「長崎土砂災害」と呼ぶべき災害であったかも知れない。

斜面の街

長崎は三方を山に囲まれたすり鉢状の土地である。江戸期の旧市街は、すり鉢の底のわずかな平野に拡がっていた。新しい市街は、周辺の山地を這い上がっていき、長崎は必然的に坂の街となった。一九八二年当時には、人口約四五万人の超過密都市であり、同市郊外に連なる山地でもドーナツ状に宅地開発が進められ、ニュータウンが作られていった。こうした過密都市で斜面崩壊が起きると、被害は激烈なものになる。土砂災害による死者・行方不明者が多かったのは言わば必然であった。

土砂災害には山崩れの末端が土石流化して住宅を襲ったものが多かった。至る所で山崩れが起きたという印象であるが、良く見ると、崩れのタイプや規模には地域性があり、地質の影響が顕れている。[114] 例えば、長崎市と時津町—長与町の境界付近の山地には、小規模な山崩れが多数発生し、面積当りの発生数は最も多かった。この地域には、長崎市内よりもやや古い時代の火山岩が分布していて、温泉による粘土化（熱水変質）が進んだ岩石が多い。斜面崩壊は、そうしたぼろぼろの岩石の表面が、少し欠けるように崩れたケースが多かった。更に、こうした岩石は軟らかく容易に削ることが出来る。

(114) 鎌田泰彦・近藤寛（1983）：昭和五七年七月長崎豪雨による都市地質災害、地質学論集23、日本地質学会。

A

B

図22●1982 年（昭和 57 年）長崎大水害における長崎火山岩の山崩れ

A：長崎市鳴滝の山崩れ（提供：西日本新聞／共同通信イメージズ）。シーボルトの時代から鳴滝は都市的空間で、宅地開発は谷に沿って進んだ。そうした住宅地の脇の山腹が崩れ、24 名が犠牲になった。

B：長崎市芒塚の地すべりと土石流（提供：太洋技術開発／西山賢一）。23 名が犠牲になった。芒塚は、江戸時代から長崎と九州各地を結ぶ長崎街道の要衝である。現在もここにインターチェンジが作られている。

そのため、この地域ではミニ開発[115]が多く行われていた。その結果、人工の崖が崩壊し、数戸の住宅が土砂に巻き込まれるケースが多かった。

長崎市東部では、鳴滝、奥山、芒塚などで、大規模な崩壊が散発的に発生した（図22）。いずれも「長崎火山」[116]と呼ばれる古い火山体の溶岩・凝灰角礫岩の斜面崩壊である。この地域では、斜面が急でしかも高いため、崩壊の破壊力が大きかった。浅い斜面土層の崩壊と区別して、当時は、大規模崩壊と呼ばれていたが、現代では深層崩壊ということになるかも知れない。さらに、これらの崩壊地の谷筋に、ミニ開発による住宅地が拡がっていたことも被害を大きくした。[117]鳴滝と奥山でそれぞれ二四名、芒塚で二三名という、一箇所で二〇名以上の死者行方不明者を出した斜面崩壊であった。

さらに、地質の影響は、崩壊に誘起された土石流災害にも顕れた。例えば、川平（とっぽう）筒水平（みずひら）では山腹斜面が崩壊、土砂は河床の玉石を巻き込みながら土石流化し、下流の集落を襲って三二名の犠牲者を出した。途中には三基の砂防ダムがあったが、土石流を完全に食い止めることは出来なかった。この地区には、川平閃緑岩と呼ばれる細粒の閃緑岩（深成岩）がスポット状に分布する。川平閃緑岩は、

（115）開発行為の規制にかからない、面積五〇〇m^2（自治体によっては一〇〇〇m^2）以下の開発。宅地数戸であることが多い。

（116）布袋　厚（2005）：長崎石物語──石が語る長崎のおいたち、長崎文献社。

（117）大八木規夫（1982）：昭和五七年七月二三日の長崎県下の大雨による災害、防災科学技術47。

玉ねぎ状風化が特徴的で、斜面は崩れやすく、河床には大量の玉石が貯まっていた。このため、いったん土石流が発生すると大規模化しやすい条件にあった。

この様に長崎大水害では、洪水で溺死した人よりも土砂崩れに巻き込まれて亡くなった人が圧倒的に多く、大規模なベッドタウン内部よりも、谷の出口や谷底のミニ開発地での被害が顕著であった。こうした災害の特徴は、都市周辺に住宅がスプロール状に拡がった結果と言える。この現象は、現代における豪雨災害における特徴の一つとして、その後も列島の各地で再三繰り返されることになる。

古い火山

長崎大水害では、古い風化・変質が進んだ火山体の問題点が浮き彫りになった。火の国、九州には、現在活動中の活火山の周囲に、そうした火山活動が終了し、山体が浸食される過程にある火山が少なくない。長期的に見れば、山体の浸食は、豪雨や地震による斜面崩壊の積み重ねに過ぎない。したがって、過去にも同じ様な災害は繰り返し発生した。例えば、一九五七年（昭和三二年）七月二六日、熊本市西郊の金峰山周辺は五〇〇ミリを越える豪雨に見舞われ、周辺では多くの斜面災害が発生した。諫早大水害とも呼ばれる豪雨災害である。なかでも天水町（現玉名市）小天の大規模な土石流は、五三名の死者を出す惨事となった。[118] 長崎大水害以後も、一九九七年（平成九年）出水市針原土石流災害、二〇〇三年（平成一五年）水俣土石流・菱刈斜面災害など、九州の古い火山体では、「記憶に残る」土砂災害が頻繁に起こっている。

人の記憶は頼りない。こうした災害も、やがて忘れ去られる運命であり、将来も「不意打ち」の災害が繰り返されるはずである。しかし、ごくまれではあるが、記憶の風化を押しとどめる努力をした人々もいた。長崎市東部の太田尾町山川河内（さんぜんごうち）地区は、長崎火山の南麓に位置している。江戸時代末期の一八六〇年（万延元年）、旧暦四月九日（新暦五月二九日）の大雨による土砂災害で三三名の犠牲者を出した。その後、この地区では遺体の捜索を打ち切った翌日の四月一四日を犠牲者の命日とし、月命日の毎月一四日に饅頭を持ち回りで全戸に配布する「念仏講」が、一五〇年以上も続けられている。(119)
一九八二年の大水害では、稜線を隔てて隣接する芒塚では上述のように多くの犠牲者を出し、この地区でも河川氾濫や住宅の被害が生じた。しかし、この地区の三五世帯一七三名全員は、早めに高台に避難しており、一人の負傷者も出さなかったのである。崩壊のリスク評価には、現在様々な方法が試みられている。しかし、そうした科学的手法のどれにも一長一短あり、未だ決め手となるような方法は見出されていない。しかし、こうした状況においても、上記の長崎市太田尾の事例は、歴史リテラ

(118) 天水町（2000）：天水町40年の歩み。
(119) 高橋和雄・緒続英章（2013）：災害伝承「念仏講まんじゅう」調査報告書、長崎大学。

シー（記憶力）の有無が、基本的に重要であることを示す好例と言える。

ニュータウンの裏山——一九八五年地附山地すべり

眠っていた地すべり

我が国の場合、ニュータウンが作られるような都市近郊の里山は、新第三系の堆積岩、火砕岩からなる場合が多い。そうした里山の斜面には、しばしば地すべりが発達している。若い柔らかい地層が、地殻変動で無理やり山になり、斜面を作っているからである。これは、地殻変動が活発な島弧というわが国の国土の宿命の様なもので、逃れることはできない。したがって、うっかりそうした場所を宅地開発し、眠っていた地すべりを活発化させて災害に遭うというパターンが後を絶たない。一九八五年に発生した地附山地すべりは、その代表的な例である。

地附山は、長野市北西部、善光寺の裏の小山で、古くから長野市の歴史や人々の生活に深く関わってきた地域である。手軽な行楽地として知られていたが、一九六〇年代の半ばに戸隠へ向かう有料道路（戸隠バードライン）が長野県企業局によって建設されると、山麓に宅地開発の波が押し寄せた。一九六〇年代末から一九七〇年にかけて、企業局による大規模なニュータウン（湯谷団地）が造成され、人気の住宅地となった。しかし、その背後のやや傾斜の緩い斜面には、滑動停止中の過去の地すべりが、眠っていた。そもそも、山腹に過去の地すべり活動によって周りよりもやや緩くなった場所があり、ついつい、その斜面につづら折りの有料道路を通してしまったのが問題の発端である。そのため、一九七三年頃から、クラックや路面の凹凸、小規模なのり面崩壊などの前兆現象が表れ始めていた。このことは、後に長野県の責任を問ううえで、重要な事実となった。一九八五年七月二六日の夕方、ついに地すべり活動が活発化・大規模化（土量三五〇m^3、長さ二五〇メートル、幅三五〇メートル、深さ四〇〜六〇メートル）した。これにより、地すべりの末端部に位置していた、老人ホーム「松寿荘」が土砂に埋まり、逃げ遅れた老人たち二六名が犠牲になった。また、湯谷団地を中心に、五〇戸ほどの住宅が全壊した（図23）[120]。

長野県は地すべりの多い地域である。そのため、住民は日頃から地すべりには敏感であった。実際、湯谷団地の場合、県の企業局の造成だから安全だろうと考え、土地を購入した人も多かった。しかし、宅地開発の場合、長期的に安全かどうかは、デベロッパーの良心による所が大きく、民間か公共企業

(120) 長野市地附山地すべり災害誌編さん委員会（1993）：真夏の大崩落　長野市地附山地すべり災害の記録。

図23●地附山地すべりの全景（長野県長野市）（提供：中日本航空）。災害後の巨額な地すべり対策工事と住民による損害賠償請求訴訟によって、この地すべりは、膨張する都市域の斜面問題を象徴する存在となった。

体かはあまり関係がない。また、老人ホームや障碍者用のいわゆる福祉施設は、しばしば一般の住宅地から離れ、結果的に山裾や河川の近くなど、相対的に危険な場所に配置されることが多い。地附山地すべりでは、そのために避難に関する連絡が遅れ、致命的な結果を招いた。福祉施設の被災は、一九九九年の福島県太陽の国災害や広島豪雨災害、二〇〇九年防府市真尾土石流災害でも起きた。これらの事例は、「社会的弱者が危険な場所に追いやられるため被害を受けやすい」という災害の社会的階層性が現代的な形で顕れたものと言える。

責任の行方——地附山地すべり訴訟

既に述べた様に、地附山地すべりは、最初、有料道路の変状として顕れた。一九七三年頃からクラックが出現し、一九八一年には変状がかなり顕著になった。それらは、一九八四年七月以降にさらに拡大し、一九八五年の梅雨期には道路の通行が危険な状況になった。このように地すべりの不安定化は、徐々に進行したので、早い段階で適切な処置がなされれば、七月二六日の崩壊は防げたかも知れない。この点を巡って、住民は有料道路の管理責任者である長野県（企業局）を被告とする損害賠償請求訴訟を行った。訴えられた長野県側は、学会の有力者や地元大学の教員、国立研の研究者をメンバーとする調査委員会（地附山地すべり機構解析検討委員会）を結成、「詳細な調査の結果、大規模な地すべりの発生を事前に予測することは難しかった」とする委員会報告によって、住民側に対抗した[121]。しかし、一九九七年の一審長野地裁判決では県側が敗訴し、総額五億円あまりの損害賠償の支払いが県に命じられた（県側が控訴しなかったため、このまま確定[122]）。

（121） 地附山地すべり機構解析検討委員会（1989）：地附山地すべり機構解析報告書、長野県土木部。
（122） 長野地裁（1997）：地附山地すべり災害訴訟判決、判例時報 1621、判例時報社。

図24●対策工事中の地附山地すべりと長野市街。地すべり頭部から末端部を望む。向って左側に湯谷団地が広がる。

裁判の中で、長野県は、地附山地すべりの複雑な地すべり発生・移動機構を事前に知ることは、不可能であったと主張した。莫大な費用をかけた調査（主として災害後）によって判明した事実であった。しかし判決では、それはいわば「ジャンケンの後出し」であり、事前に兆候があった以上、災害後の調査によって予見困難性を主張しても、責任は免れないと指摘された。住民側のほぼ完全な勝訴である。この判決において重要な点は、開発前の段階において、災害の発生予見性の証明が必ずしも定量的である必要はなく、具体的な因果関係があれば、定性的な予見可能性で足りるとした点である。

この裁判は、宅地の災害における住民と行政の対立を象徴する典型的な事例であり、行政側が全面敗訴した判例として、重要である。また、多くの研究者が行政側、住民側双方に分かれ、証人として裁判にかかわった。その過程において、個々の研究者の学会と行政からの距離感、つまり、何を重視して仕事をしているかが鋭く問われた。都市における斜面災害問題の根深さを明らかにした裁判でもあった。

その後、長野県は約一二六億円の巨費を投じて、この災害の復旧・対策工事を行った(図24)。そのかなりの部分は、国からの補助であった。その結果、斜面は地すべり対策工法の見本会場の様な状況となり、公園化された跡地には、見学のための資料館もオープンした。こうした後処理のパターンは、その後の主要な地すべり災害でも踏襲されていくことになる。

は、泥質片岩（泥岩を源岩とする結晶片岩）において、特に顕著です。火山地帯では、温泉の熱や成分により粘土が形成されます（温泉変質）。つまり、この分類は、「地層が風化・粘土化すると、せん断強度が低下するので、地すべりが発生しやすくなる」という仕組みを地質学的に表現したものだといえます。

一方、地すべりは、発生後に傷跡（地形）を残すのが特徴です。虎が死して皮を残すように、地すべりは動いて地形を残すわけです。こうした地すべりに特徴的な地形の事を「地すべり地形」と言いますが、それに関しては、本書の姉妹編『埋もれた都の防災学』の基礎知識2[124]をご参照いただければ幸いです。

(124) 釜井俊孝（2016）：埋もれた都の防災学——都市と地盤災害の2000年、京都大学学術出版会。

基礎知識３◆地すべりと地質

地すべりとは何かという問いは、実は難問です。多くの人々が専門や経験の違いによって、微妙に異なる定義を述べているからです。しかし、少なくともわが国では、重力によって斜面が比較的ゆっくりと、塊となって滑る現象（マスムーブメント）であるというコンセンサスがあるので、ここではそうした現象を「地すべり」と呼ぶ事にしたいと思います。

地すべりは、特定の地域に多く発生する特徴があり、地質（岩石の種類や地質構造）と深い関係があることが分かっています。小出博は、その点に注目し、簡潔に三つに分類して見せました[123]。カテゴリーの異なる事象を分類基準として並列させるのには疑問あるという意見や、破砕帯地すべりの意味が曖昧であるとの批判もありますが、ともかく、最初に日本の地すべりを網羅した分類でした。わかりやすいので、今でも良く使われています。

○第三紀層地すべり（新潟・北陸等）
○破砕帯地すべり（中央構造線・御荷鉾帯・三波川帯）
○温泉地すべり（火山地帯）

この分類の長所は、わが国の山地斜面で「粘土」が形成されやすい条件を端的に表現している点です。すなわち、第三紀層（特に、泥岩、凝灰岩）は固結度が低く、風化して粘土化しやすい傾向があります。破砕帯（結晶片岩地帯）では、地層が地殻変動による変形を受け、多くの割れ目が形成されているため、水が浸透して風化・粘土化しやすい特徴があります。この傾向

---

(123)　小出　博（1955）日本の地すべり——その予知と対策、東洋経済新報社。

第5章……バブルとその後遺症

平成の初め頃、わが国は「土地本位制」が引き起こしたバブル経済のさなかにあった。以前にも増して、日本の各地で旺盛な宅地需要が生み出され、通常の郊外の範囲を大幅に越えて、宅地開発が丘陵地の地すべり地帯や土石流常襲地にも及ぶようになった。こうした開発が、後に土砂災害を招く下地になったのは言うまでもない。

バブルは数年で崩壊し、その後、失われた数十年と言われる長期不況・景気低迷期に突入した。しかし、不況ではあっても、一定数の住宅需要はあるわけで、それなりの宅地開発が続き、新たな災害のリスクも生まれた。この点、責任の追及を後回しにし、問題の先送りでしかない小出しの対応を繰り返した挙句に、国際競争力を失った、他の産業や金融と同根の問題を見ることができる。

ここでは、三浦半島と広島を例に、バブルとその後における、宅地開発と斜面災害の微妙な関係について述べたい。

爛熟の持ち家社会

土地神話——バブル経済と盛土

戦後、米国の産業は技術革新に遅れ、しだいに国際競争力を失っていった。しかし、米国は、産業競争力の衰退と財政赤字の原因を、一九八〇年代前半のドル高とわが国からの集中豪雨的な輸出にあるとして、わが国に様々な要求を突き付けた。いわゆる、日米貿易摩擦である。そのなかで、米国は主要国にドル安誘導を要求し、一九八五年にプラザ合意が成立した。円高ドル安時代のはじまりである。この時、わが国では一時的に不況（円高不況）が発生した。そのため、日銀は金利を引き下げ、金融を緩和し、政府は財政出動で景気を刺激した。

結局、金利は一九八五年の五％から五回にわたってどんどん引き下げられ、二年後の一九八七年には、二.五％という戦後最低水準にまで低下した。その結果、企業は本業で稼ぐよりもだぶついた資金で株と土地に投資した方が儲かるということになった。いわゆる財テクである。多くの企業や人々が競って土地を購入した。戦後の持ち家政策のもと、土地は必ず値上がりする資産であると考えられていたためである。購入した土地を担保にして銀行から資金を借り、それでまた土地を買うといったような実体の無い、単なるマネーの循環が巨額の利益をもたらした。すなわち、バブルである。しかし、バブルの兆候が顕著になった一九八〇年台後半においても、株価維持（操作）を至上命題とする大蔵省からのプレッシャーによって、日銀は金利を引き上げることができなかった。そのため、景気は制御不能なほど過熱していった。

この時期、地価の高騰は激しかった。一九八二年（昭和五七年）に放送されたＮＨＫ特集『ある丘の街の履歴書―地価２０００倍の物語―』は当時の状況を良く記録している。一九七九年（昭和五四年）に地価上昇率日本一となって注目された、川崎市宮前平が舞台である。一九五〇年代始め、麦とタケノコしか取れなかった田園地帯の地価は、平均五〇〇円／坪であったが、一九六六年（昭和四一年）の東急田園都市線の開通によって急上昇し、この頃には、九〇万円／坪～一〇〇万円／坪に達した。今では想像できないが、土地区画毎に抽選があり、当時は数十倍の倍率で土地を購入していたのである。

昭和の終り頃からバブル期に至る地価高騰は、かろうじて残っていた地域の特徴、風土に根ざした生活を一掃し、至る所に郊外ロードサイド店と一戸建て住宅団地の均一的な世界を出現させた。これらの「冷たい郊外」（川本三郎）を建設するため、丘陵地は徹底的に開発され、わずかに残っていた森林も無味乾燥な住宅地と人工的な緑地に変わった。当然ながら、こうした「行きすぎた感」のある状況は、社会的に様々な矛盾を生み出していくことになる。例えば、世間を騒がせた神戸連続児童殺傷事件（一九九七年）や京都小学生殺害事件（一九九九年）が、郊外の住宅団地で起きたのは単なる偶然では無いという指摘もなされている。快適ではあるが退屈な郊外の矛盾は、「ファスト風土化[125]」などと呼ばれ、社会学の研究対象や『テニスボーイの憂鬱』（村上龍、集英社、一九八五）等の郊外小説の舞台となった。

土地は作れば高値で売れる。沸騰した土地需要を満たすため、丘陵のあらゆる尾根は削られ、谷は埋められた。これらの谷埋め盛土は、次の震災では主要な災害候補地である。しかし、宮前平を含む多摩田園都市を企画し、開発を実質的に主導した東急電鉄は、一九八七年（昭和六二年）「良好な街づくりの多年にわたる業績」により、建築学会賞を受賞した。米国流の「もちいえ・せいさく」は、わが国では「土地神話」に漢字変換されたのである。

バブル崩壊

バブル経済期、宅地は投機の対象であった。土地の値段は下がらないと誰もが思ったからである。

そこで、銀行やその別働隊である住宅金融専門会社（住専）を経由して、大量のマネーが土地投資に注ぎ込まれた。しかしその結果、宅地は中間層の購買限界を超えるものになり、資産を持つものと持たざるものの間の格差が大きく拡大し、持たざる側の不満や不安が高まった。

折しも、インサイダーとしてのリクルート事件によって竹下首相が退陣し、政治不信という言葉が生まれた。その背景には、インサイダーとしての恩恵にあずかれなかった多くの国民の不満・不公平感がある。こうした不満の矛先をそらす意味もあって、当時の橋本大蔵大臣を始め多くの政治家・官僚が、「中間層が買えなくなるほど宅地が高騰するのは不平等」という見解をあいついで示し、政府は地価の上昇を抑制する名目で、総量規制という不動産取引に対する金融引き締めを実施した。要するに、土地投資に流れ込むマネーの蛇口を絞ったのである。これに、バブル退治に使命感を持った三重野・日銀による金利引き上げが重なり、一九九〇年の年明けから、三ヶ月の間に株価は二五％暴落した。バブル崩壊のはじまりである。

バブルがはじける局面では、再び宅地が舞台の主役となった。総量規制が住専と農協を除外したためである。ここに至って、だぶついた農協の資金は住専を経由して不動産投資へと流れることとなった。やがて、バブルの崩壊が進行すると、住専から流れたマネーの多くは不良債権となり、全国の農

(125) 三浦 展（2004）：ファスト風土化する日本、洋泉社。

協の資産の約半分に当たる六.四兆円の損失が明らかになった。「住専問題」の発生である。結局、ここでも宅地を物件としてしか見ない人々の尻ぬぐいのために、六八〇〇億円もの公的資金（税金）が投入されたわけである。

バブル崩壊後の世界――パワービルダー登場

バブル崩壊後、一九九六年に八〇万八二〇棟であった戸建て住宅着工戸数は、二〇〇六年には五〇万二八八五棟にまで減少した。減少率に直せば、マイナス三七.二%である。この約二〇年に及ぶ長い不況の間、住宅産業は再編が進んだ。ハウスメーカーの草分け的存在であったミサワホームは、トヨタホームの系列化に入り、子会社となった。一方、老舗が苦闘する中、大量の建て売り住宅を土地と共に安く手頃な価格で販売するという、デフレ期ならではの新たな業態も出現した。パワービルダーと呼ばれる彼らは、一社で年間約数千～数万棟の戸建て住宅を販売し、年間戸建て住宅着工数の上位を占める様になった。

パワービルダーが勃興した背景には、バブル崩壊後、企業が社宅や工場だった土地を手放し土地供給が潤沢になった事、住宅建材の機械加工技術が発達し、自社で生産設備を持たなくても住宅の大量供給が可能になった事が挙げられる。いわば、第一次取得者を対象としたファストファッション的な

図25●2008年8月の豪雨によって発生した崖崩れ（東京都八王子市川町）。土砂によって住宅一棟が押し出され、倒壊した。この一団の宅地は、あるパワービルダーにより、山裾を切土して開発された。団地の奥に続く木々は、鎮守の森で、豊富な湧水で知られる。

住宅産業であり、土地に建物という付加価値を付けて売る不動産会社というのが実態であろう。当然ながら、安い戸建て住宅を大量に供給するには、安い土地を大量に手に入れる必要がある。しかし、安い土地の数には限界があり、結果的に斜面の近くなど条件の悪い所も建設用地となった。

二〇〇八年（平成二〇年）八月、東京都八王子市川町で街道沿いの真新しい住宅地背後の斜面が崩壊し、その土砂に推されて一棟が横倒しになった（図25）。この住宅地は、大手のパワービルダーによって二〇〇五年頃に販売された。崩壊の直接の原因は、八王子市を中心とする局地的な豪雨[126]によるもので、市内では土砂崩れも三〇件ほど起きた。しかし、住宅を押し流すほどの被害という点で、この場所の出来事は特異である。

開発以前の地形図を見ると、この場所は丘陵を刻む谷の側面に当たり、集落を繋ぐ古い道が谷筋に沿って走っている。宅地造成は、谷の側壁を削って擁壁（ブロック積み）で押さえ、道路の山側に無理やり平地（宅地）を作るという方式であった。丘陵の地質は、数十万年前の砂礫層である。含まれる礫が風化して柔らかく、削りやすいが地層自体は締まっている。しかし、開発前の地形図には、二〇〇八年に崩れた部分にだけ、少し凹みがあったことが示されている。開発後の斜面は同じ勾配なので、この凹みは埋められたのだろう。つまり、宅地と擁壁そのものは切土部分にあったが、背後の斜面には薄い盛土が張り付けられており、それが豪雨によって崩壊し、擁壁を乗り越えて住宅を直撃したという構図が考えられる。

この場合、崩壊した場所の所有者は、当然、責任を追及されることになる。開発当初は宅地になった部分も含めて斜面全体が、造成を担当した地元建設会社の所有地であった。しかし、造成完了後、この土地（崩壊斜面）は、分筆、転売されていた。[127] つまり、住民が直接、造成会社とハウスメーカーに責任を問うのは難しい状況が、作りだされていたわけである。ポストバブル時代を生き抜くには、厳しいコスト管理が極めて重要である。災害リスクの管理もその中に入るわけで、パワービルダー側は、別の意味で災害を「わが事」としてとらえている事を示す事例である。

この頃の災害——御用邸の街の地すべり

鎌倉が和服の街であるとすれば、葉山はＩＶＹ（アイビー）の街である。[128] 軍港横須賀の影響かも知れないが、微かに外国の香りがする。御用邸があることもあり、葉山は明治期から関東の高級別荘地としての地位を確立していた。外国人や政府要人を引きつけ別荘地になったのは、何と言っても複雑な海岸線が織りなす美しい風景であろう。それには、葉山—嶺岡帯と呼ばれる特殊な地質が関係している。

地すべり地帯

葉山—嶺岡帯は、三浦半島から房総半島にかけて分布し、二つの半島で最も古い岩石[129]が露出する地

(126) 同様な局地的豪雨は東海、中国、東北地方でも発生し、洪水や土砂災害などの被害を及ぼした。後に、気象庁によって、「平成二〇年八月末豪雨」と命名された。
(127) その後、転売が繰り返され、事故当時の土地所有者は、現地と全く関係のない会社であった。
(128) 堀　祐一（2017）：湘南服飾変遷、Shonan Beach FM magazine 45。

域である。それらは、三浦半島では葉山層群、房総半島では保田層群と呼ばれ、二三〇〇万年〜一五〇〇万年前の第三紀中新世という時代に深海に堆積した砂岩泥岩と、その時代に粉々の断片として取り込まれた四五〇〇万年〜三五〇〇万年前の蛇紋岩、玄武岩などの火成岩（一部、泥岩）で構成されている。これらは、伊豆半島が本州に衝突した頃、少し離れた日本海溝の底で本州に付け加わった海洋地殻の断片と考えられている。狭い範囲に無理矢理折りたたみ込まれながら、押し出される様に上昇したため、地層が激しく変形しているのが特徴である[130]。これらにプレートテクトニクスの島孤モデルを当てはめると、関東平野は前孤海盆、葉山—嶺岡帯はその南の端を限る外縁隆起帯に相当する。実際、葉山—嶺岡帯では、現在も地殻変動が活発で東西性の活断層が発達する。一方、地表部で葉山—嶺岡帯を特徴付けるのは、地すべりの存在である。この地域では、独立峰と緩斜面が連続する地すべりに特徴的な地形が良く発達する。

地すべりは、崖崩れよりも深く大規模に、しかし通常はゆっくりと動くのが特徴的な斜面の破壊現象で、特定の地質に関係していることが多い。葉山—嶺岡帯には地すべりの原因となる蛇紋岩が分布している。蛇紋岩は、南関東では葉山—嶺岡帯のみに見られる岩石で、地下水に触れるとベトベトに粘土化し軟らかくなる性質がある。少し専門的になるが、蛇紋岩を主に構成する蛇紋石が、結晶間に水を含む特殊な粘土鉱物に変わるのである。この過程を風化変質と言う。葉山町から横須賀市衣笠町にかけては、こうした蛇紋岩体が点々と分布し、阿部倉、平作といった地域は、昔から地すべり地帯として知られてきた。

これらの地すべりは、戦後あまり目立った活動はしていなかった。しかし、一九七三年の末頃、阿部倉で地すべりが新たに活発化し、一九七四年には地すべりでできた崖の高さが二メートルに達した。地すべりの規模は、幅約五〇メートル、長さ約八〇メートル、深さ約一〇メートルと地すべりにしては小型であったが、住宅や幼稚園に被害が発生し、四戸が取り壊され、七戸が一時移転した。この活動の時期は、地すべりの周辺が急速に都市化され、住宅が建設されていった時期と重なる。地すべりの発生原因として、山林等を切り開いたため、水文環境が変化し、地下水位の上昇を招いたことが、誘因となったと考えられている。一九八四年の長野市地附山地すべりなど、同じ様な都市域の地すべり災害は、その後各地で繰り返し発生した。この三浦半島の地すべりは、戦後の都市化が招いた地すべり災害の典型である。

---

(129) 銚子は、銚子半島として区別する。

(130) 付加体に特徴的な「デュープレックス構造」等。

現代の魔所

「三浦の大崩壊（おおくずれ）を、魔所だという。」これは、逗子に住んでいた泉鏡花原作の伝奇小説『草迷宮』（一九〇八年（明治四一年））の書き出しである。『草迷宮』は、寺山修司によって映画化され、独特の映像美で評判となった。アニメの『攻殻機動隊』ではエピソードのタイトルにも使われた。この三浦の大崩壊（おおくずれ）とは、横須賀市秋谷の、長者ヶ崎からやや南に下った海岸一帯のことである。地すべりが頻発するため、江戸時代から荒涼とした風景の場所だった（図26A）。事実、関東大震災では、ここで三浦半島西岸最大の斜面崩壊が発生した。

バブルのころ、開発の波がこの地域にも及んだ。崩壊跡の緩斜面はレストランやロッジ風の別荘、高級ホテル、結婚式場、一般の住宅が点在する南欧風のリゾート地域に変貌した。つまり、過去の地すべり、もしくは崩壊土砂という不安定な地盤の上にもかかわらず、結婚式を挙げ食事を楽しむことができる様になったわけである。

しかし、当然のことながら地すべりのリスクは、現在も引き続いている。二〇〇二年（平成一四年）から二〇〇五年（平成一七年）にかけて、秋谷の海岸沿いを走る国道一三四号線で地すべりの兆候が顕れた。しだいに路面の変形は拡大し、国道が崩壊の危機に陥ったため、対策工事が実施された。調

A

B

図26●三浦半島の地すべり

A：三浦の大崩れの絵葉書（撮影：大正 7 年～昭和 7 年（1918～32））。道路は、後の国道 134 号。長者ヶ崎は比較的固い逗子層の泥岩、断層より手前は風化軟弱化しやすい葉山層群からなる。葉山層群の区域では地すべりが発達し、海岸の斜面も緩やかになっている。断層の部分では、地層の破砕が著しいため、海岸線が大きくえぐれている。

B：三浦半島中央部における神奈川県道 27 号横須賀葉山線（横須賀市平作）。道路が地すべりを通過する場所では、巨大な地すべりの土圧に対抗するため、特殊な擁壁が作られている。ここでは、大口径のコンクリートパイルを連結して擁壁とし、それを更に梁で補強するという工法が取られた。

査の結果、すべり面は葉山層群の強風化泥岩の下面に確認されたが、厚さ約一〇メートルの移動層の大半は盛土であった。地下水位は極めて浅く、盛土の中に見られた。つまり、道路盛土の荷重によってバランスが崩れ、相対的に軟らかい粘土化した泥岩の部分で滑ったと考えられる。もともと地すべりが発生しやすい場所で、それを更に助長する建設工事を行ったことが原因である。この点は、他の都市域の地すべりの原因と共通している。こうした都市域の地すべりは、「現代の魔所」というべき場所かも知れない(図26B)。

地すべりとリゾート

三浦の大崩れの跡が南欧風のリゾートに変わろうとしていたころ、対岸の房総半島の南部にもバブルの波が押し寄せた。葉山—嶺岡帯の「嶺岡」は、房総半島南部鴨川市郊外の嶺岡山に由来する。嶺岡山は葉山と同じく泥岩や蛇紋岩からなり、山麓は緩緩斜面となっている。三浦半島と同様、この緩斜面はほとんどが地すべりで埋め尽くされているが、この地すべりの緩斜面に拡がる牧場は、日本の酪農発祥の地と言われている。

バブルの頃、こうした地すべりの斜面を造成し、別荘地として売り出す動きが活発だった。当時、館山付近の地すべり災害を調査していたとき、偶然耳にした不動産販売会社担当者のセールストークを覚えている。現地に案内した客に対して、「ここは地すべり指定地ですが、造成地は（ここ館山から）鴨川まで全部指定されているので、どこを買っても条件は同じです」。同じ地質は、鴨川から館山まで続いているので、この言葉は間違いでは無い。しかし、リスクを正確に伝えてはいない様に思われる。

ポスト持ち家社会——過疎化するニュータウン

その後の「多摩」

アニメ『平成狸合戦ぽんぽこ』の公開は一九九四年であるが、企画は一九八九年頃からなので、バブル期の多摩丘陵を扱った作品と見て良い。スタジオジブリのアニメにしては、珍しく政治色の強い作品である。それはさておき、アニメで描かれているように狸たちが、大規模な切土盛土によって住処を追い出されたことは事実であろう。多摩丘陵には縄文時代の遺跡が多いが、ニュータウン建設によって狸の住処と同じ様に多くの遺跡も破壊されていった。

狸たちを追い出してせっかく作った多摩ニュータウンであったが、現在、子育てを終えた住民や成人した子供達は、より便利な生活を選んで都心に回帰する傾向が強い。その結果、多摩では取り残された住民の高齢化と街全体の過疎化が進んでいる。「限界集落」ならぬ「限界団地」という言葉も生まれた。

さらに、厳しいのは、都心回帰現象が誘発したニュータウンの財政問題である。バブル崩壊後、都心の地価下落の影響で、都心回帰の傾向が強まり、多摩ニュータウンの造成地にかなりの売れ残りが出てしまった。その結果、ニュータウン建設費用のうち、約三二〇〇億円がURと東京都の借金として残った。このうち、約一六七〇億円は東京都、残りはURの分であるが、最終的には借金のほとんどを税金で穴埋めすることになると予想される。

この状況は、他の多摩型宅地開発でも同様である。自治体による宅地開発は特別会計という別の財布を立ち上げ、独立採算で行うのが原則である。しかし、二〇〇六年から二〇一五年の一〇年間に全国四四一自治体では、約一兆三〇〇〇億円もの巨費が一般会計から補填された（朝日新聞二〇一八年四月二日朝刊）。つまり、宅地が思ったように売れず、損失を一般住民が犠牲になって補填したわけである。郊外ニュータウンを歩くと、雑草が生い茂った荒れ地が目に付くことが多い。売れ残った宅地である。こうしたニュータウンの中の「真空地帯」は、明るいけれどもやや軽薄な宅地開発時代のアイコンであるとともに、失敗を認められない行政の問題点を指摘し続けている。

住宅過飽和社会

多摩で起きている「ニュータウンの過疎化問題」は、既に全国に拡がっている。鉄道インフラを持つ多摩はまだ良い方で、田園地帯の「超郊外」に出現したニュータウンでは、上下水道など共有施設の維持管理も難しくなるなど、より厳しい現実に直面している場合も多い。現役時代、片道二時間かけてニュータウンに寝に帰っていたサラリーマンが、もうすぐ高齢化で寝たきりになるという笑えない話もある。高齢化と同時進行で進む過疎化、施設の老朽化によって、「まちづくりとは建設である」の時代はとっくの昔に終了しており、今は「まちこわし」の時代に突入したと言える。[131]

ニュータウンの過疎化の背景は、少子化と家余りである。わが国の人口は二〇一〇年頃から減少を始めた。その結果、二〇一七年の世帯総数約五二四五万世帯に対し、国内の住宅数は約六〇六三万戸である。すなわち、既に総量としては世帯数を超える住宅数が存在する。更に、合計特殊出生率（一人の女性が一生の間に産む子供の数）を一・三五とした場合、二〇六〇年の日本の総人口は約八七〇〇万人と推定され、二〇一〇年の一億二八〇六万人の約七割に減少する。すなわち空家は今後急激に増

（131） 饗場　伸（2015）：都市をたたむ――人口減少時代をデザインする都市計画、花伝社。

加し、住宅の過飽和状態に突入して行くわけである。

「住宅過飽和社会」では、廃屋となった空家が、郊外に目立っている。廃業するスーパーやシャッター通りと化した商店街も普通の光景である。限界団地と化した住宅街では、買い物弱者や低栄養の高齢者が続出して、自治体は対応を迫られている。将来の大都市震災の際、こうした「スポンジ化」した街を谷埋め盛土地すべりが襲う。何とも暗い未来であるが、地域に残った体力に見合う防災支援を、国全体で考えていかなければならないだろう。

基礎知識４◆土砂災害と法律

土砂災害関連の法律は、主に「砂防法」（明治30年)、「地すべり等防止法」（昭和33年)、「急傾斜地の崩壊による災害の防止に関する法律（急傾斜地法)」（昭和44年)、「土砂災害警戒区域等における土砂災害防止対策の推進に関する法律（土砂災害防止法)」（平成13年）の4つです。これらは、それぞれの時代において、土砂災害と人々の関係性を反映して制定されました。

一番古い砂防法の時代は、はげ山による土砂流出が激しい時代でした。そのため、下流で洪水が起きたり、港湾施設に支障が出ていました。土砂を防止することが国家的な重大事だったのです。同じように、地すべり等防止法は、昭和32年の集中豪雨で熊本、長崎、新潟各県で発生した地すべり災害が、制定のきっかけでした。この頃から高度経済成長が加速され、多くの若者が山村や農村から都会に出て働く様になりました。彼らが生まれ育った村の多くは、地すべり地です。この法律は、彼らに代わって、故郷を守るという側面も持っていたのです。

都会に出てきた若者の多くは、結局、故郷に帰らず、都会に住み着きました。しかし、彼らが新居を構えた郊外のニュータウンでは、頻繁に崖崩れが起きたため、社会問題となっていました（第3章「崖っぷちの風景」)。ちょうどその頃、昭和42年の集中豪雨によって、神戸や呉、長崎等で多くの崖崩れが発生し、対策を求める機運が醸成されました。急傾斜地法の制定には、こうした背景があります。砂防法、地すべり等防止法、急傾斜地法は、公共事業として施設を作るための法律で、砂防3法と呼ばれています。一方、土砂災害防止法は、都市計画が事実上失敗したことを受けて、まずリスク調査を行い、危険地域に住むことを規制する法律です。災害対策のハードからソフトへという近年の流れを象徴する法律であると思います。

第II部　新たな危機——深刻化する宅地の斜面災害

戦後しばらくの間、都市型斜面災害は、戦前と同様に小規模な崖崩れが多かった。まれに地すべりが発生した事もあったが、それらは住宅地の外からの攻撃であったので、警戒するべき対象は明確であった。しかし、一九七〇年代半ば以降、高台の宅地造成地で奇妙な地震被害が顕れるようになった。被害分布がまだら模様で、激しく住宅が壊れた場所と全く無傷の地域が混在する、不思議な宅地被害である。被害調査によって、これらの多くは、谷埋め盛土の「地すべり」であることが判明した。しかし、当初は、地すべりによる地盤の破壊では無く、揺れが大きかっただけという意見も土木建築系の研究者を中心に根強かった。また、盛土の被害は特定の地域に限られるとする意見も、それらの研究者を中心に根強かった。その結果、こうした被害が地すべりによるもので、しかも都市では普遍的にどこでも起きる災害であると認知されるには、数回の地震による災害経験を必要としたのである。

第II部では、谷埋め盛土地すべりという、都市内部型の斜面災害の典型例であり、かつ極めて戦後的な現象の拒絶と受容の歴史を中心に述べたい。それは、現代日本社会が抱える問題点の投影という点でも、今日的な意義を持っている。

第6章

予告された災害の記録

『予告された殺人の記録』は、ガルシア・マルケスの小説である。十分すぎる犯行予告にも関わらず、防ぐことができなかった犯罪がテーマになっている。谷埋め盛土の地すべりも、一九六八年十勝沖地震、一九七八年宮城県沖地震で予告されていた。さらにその後の一九九三年釧路沖地震、一九九四年の北海道東方沖地震では、釧路市の宅地で実際に起きている。しかし、これら本州中央部から遠く離れた地で起きた「事件」は、専門家以外からは注目されなかった。しかし、一九九五年兵庫県南部地震は、わが国のど真ん中に深刻な被害をもたらした。それによって初めて、谷埋め盛土地すべりは、「全国区」になったのである（図27）。

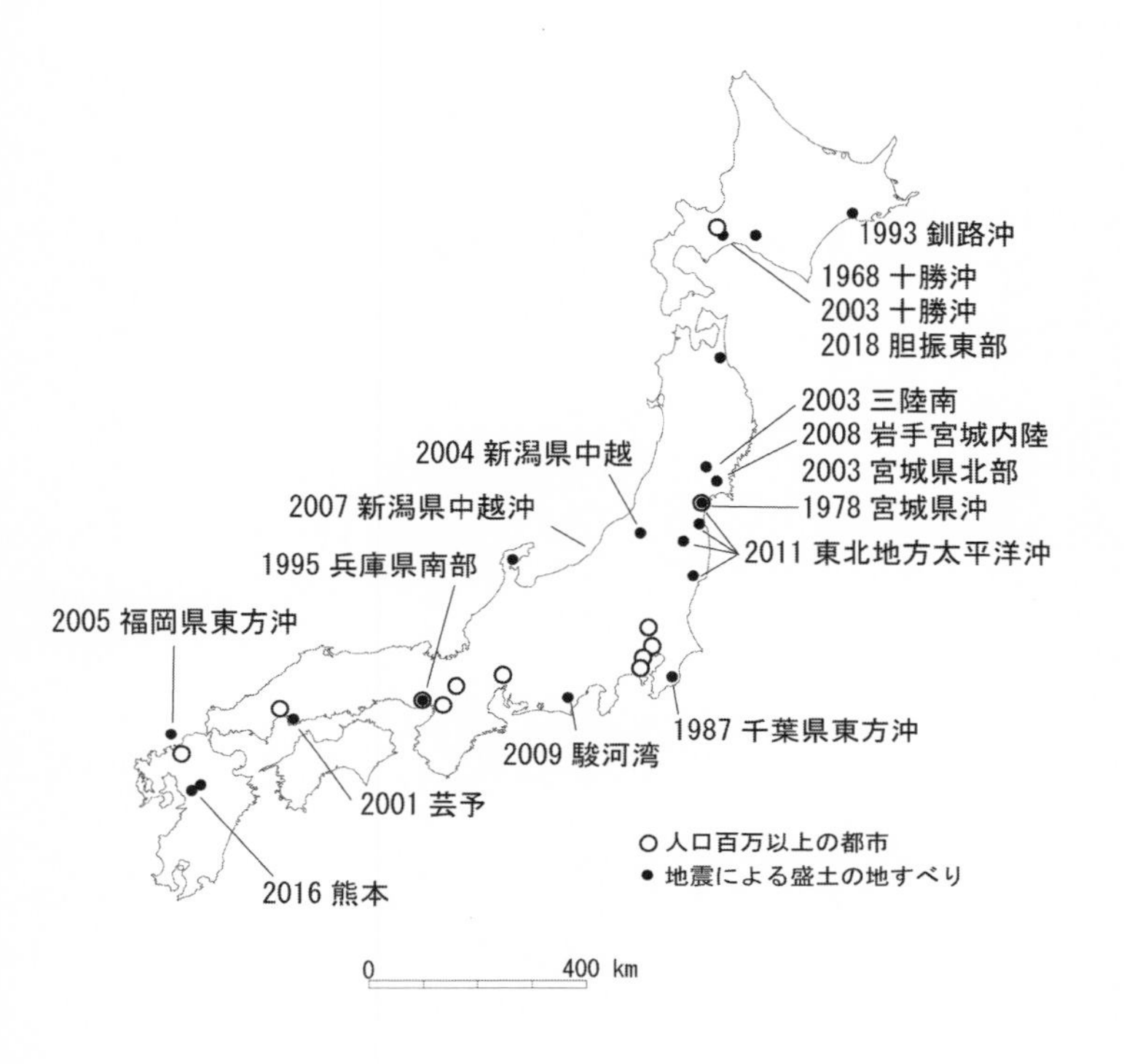

図27●地震による都市域の斜面災害（盛土の地すべり）。大都市に被害をもたらした地震では、宅地盛土の地すべりが発生している。特に、1978年宮城県沖、1995年兵庫県南部、2004年新潟県中越、2011東北地方太平洋沖、2016熊本、2018胆振東部の各地震では顕著。関東南部、大阪、名古屋で起きていないのは、未だ地震が発生していないからに過ぎない。

一九九五年兵庫県南部地震——モダン都市の大震災

震災の帯

西宮から神戸市に至る山の手の住宅地は、「阪神間モダニズム」の残り香が漂う地域である。「阪神間モダニズム」は、一九二〇年代以降この地域が大阪のベッドタウン化していく過程で形成された新興ブルジョア達の西洋的生活スタイルの事で、西洋家屋、応接間のピアノや個室、食堂のテーブルや椅子、テニスやゴルフなどのレクレーション等、現代日本における都市生活の基本形がこの時代にこの地域から始まった。一九九五年兵庫県南部地震は、この地域にかろうじて残っていた「阪神間モダニズム」の残滓を一層した事件でもあった。

地震動は、低地と台地の境界部で激烈であった。このため、家屋の倒壊が特定の地帯に集中した。応答卓越周波数が木造住宅と共振する一Hzぐらいの所に、「震災の帯」と呼ばれる震度七の地帯が形成された。「なぎさ効果」と呼ばれる現象である。同様の「震災の帯」は、一九九四年の三陸はるか沖地震による八戸市街、二〇〇七年の柏崎市街、二〇一六年熊本地震による益城町市街でも見られた。

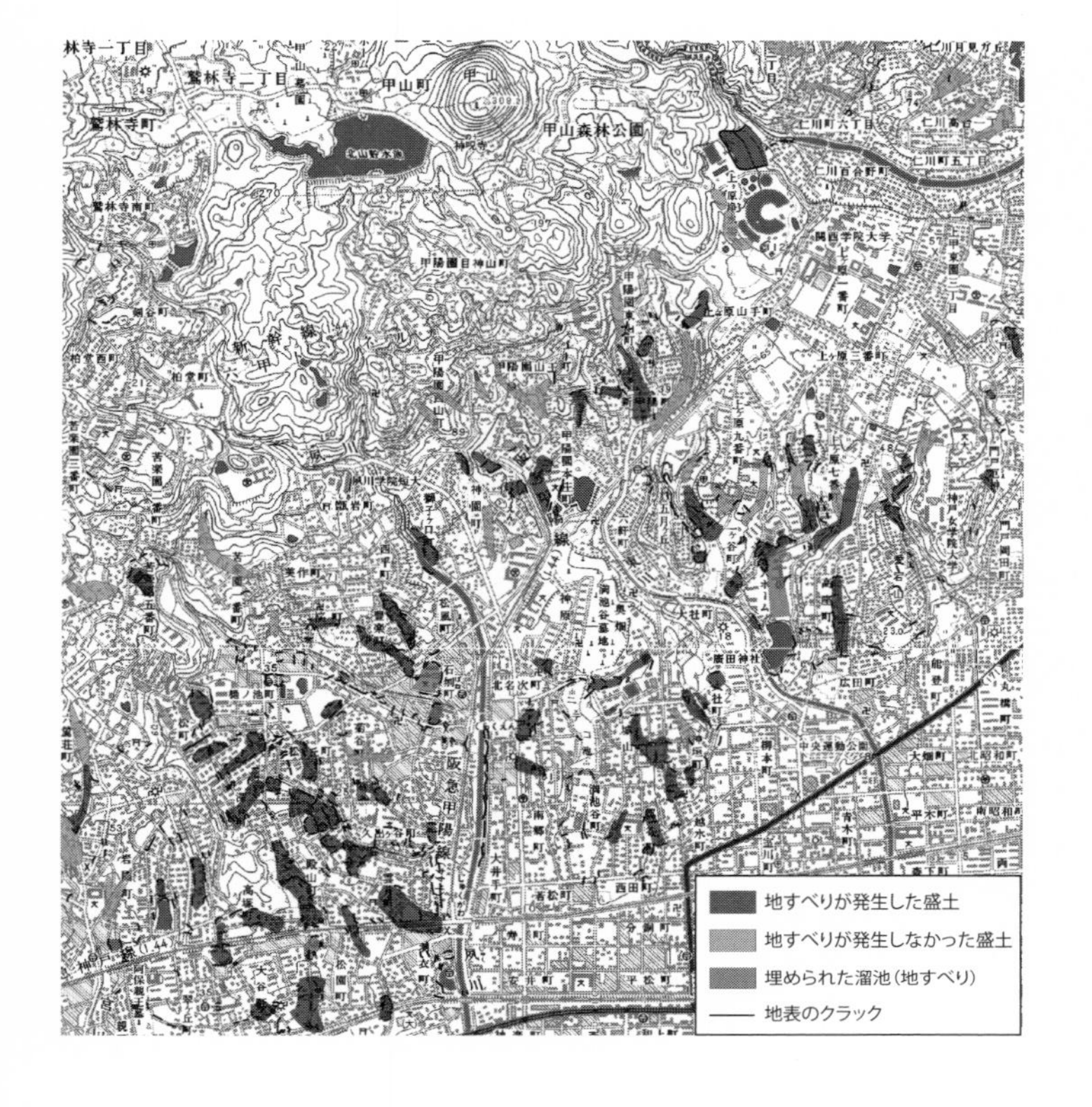

図28●1995 年兵庫県南部地震による都市域の斜面災害（西宮市の一部）。大部分が盛土の地すべりで、六甲山南麓の大阪層群分布域を中心に 200ヶ所以上発生した。基図は国土地理院数値地図 25000（地図画像）『西宮』及び『宝塚』。

表層地盤のリスクを端的に示す現象として重要である。

山の手の斜面災害

震災の帯の北側の台地には、ほぼ震度六相当に揺れた地域が拡がっていた。この地域では、家屋の倒壊等は圧倒的に少なかったが、地表の亀裂や陥没・隆起など、地盤の激しい変動によって被害がでた領域が、まだら模様に点在していた。この被害領域の多くは、ほぼ例外なく造成以前の谷を埋めて作られた盛土であり、大規模な地すべりによる被害であることがわかった（図28）。この地震では、少なくとも二一四箇所で谷埋め盛土地すべりが発生し、多くの住宅が全壊・半壊の被害を受けた。それらは、同時にガスや水道などのライフラインを破壊したので、地震後の復興に重大な支障を及ぼした。特に、西宮市仁川百合野では、流動化した土砂が一一戸の人家を埋積し、三四名の人命を奪った。この場所では、水道施設の建設のため、幅の広い支谷を埋め立てて、深さ約二〇メートルに達する厚い盛土が作られていた。盛土の内部が地下水で満たされていたため、崩壊した土砂は流動化し、被害が拡大したのである（図29）。

阪神間モダニズムを推し進めた阪急グループの経営方針により、阪神間の私鉄沿線では、早くから宅地造成が盛んだった。しかし、意外にも戦前から開発されていた地域では、比較的被害が少なかっ

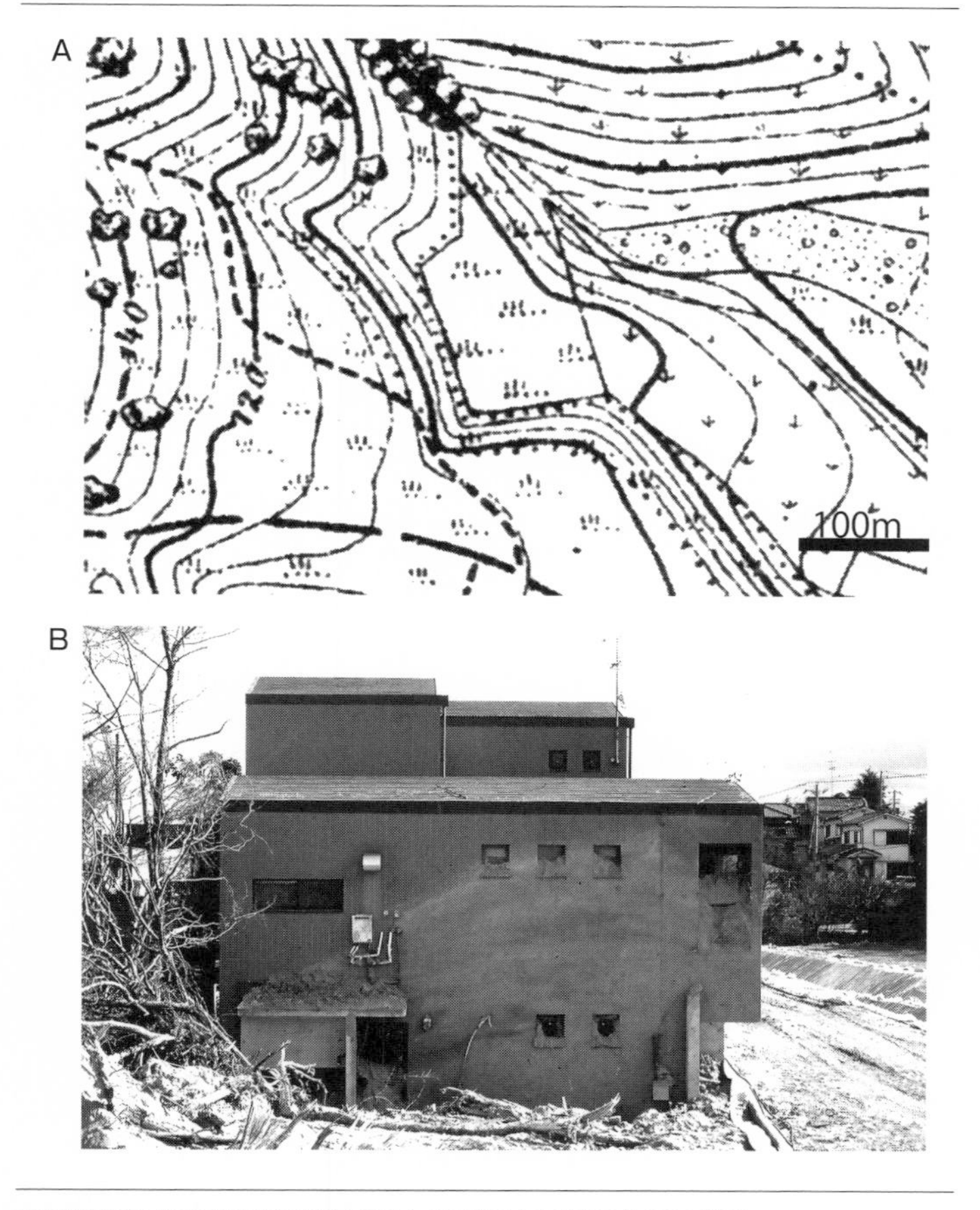

図29●1995 年兵庫県南部地震による西宮市仁川百合野の災害

A：1885 年測量の旧版地形図（部分）。この後、中央部の「120」と書かれている尾根が削られ、その下の幅の広い支谷が埋められた。谷埋め盛土の末端は、下流の地山斜面とほぼ同じ傾斜に造成された。国土地理院所蔵 1/20000 仮製地形図『西宮町』。

B：崩壊末端の住宅。側壁に残されたの痕跡から、大量の水を含み、流動化した土砂が屋根付近にまで達したことがわかる。

た。開発する場所を選んでいたからである。例えば、阪急夙川駅に近い西宮市木津山町一帯は昭和三年頃開発されたが、その際、開発業者が配布した「広告ちらし」が現存している[132]。これと現在の宅地の範囲、及び地震による被災状況を比較すると、戦後とは異なる開発意図が理解できる。すなわち、木津山町における当初の開発では、宅地はもともと台地の平坦部分に限られ、谷の内部や低地はそのまま残されていた。しかし、戦後の開発では、こうした悪条件の場所を平坦化し住宅を建設した。結局、一九九五年にはそうした谷埋め部分だけが被災したのである。関西でも高級と言われる「夙川」ブランドが、土地のリスクを覆い隠したのだと思われる。

こうした戦後スタイルの宅地造成は、一九六〇年代に入ると加速した。その様子は、農業用水のための「溜め池」がこの時期から急速に消えていく事にも顕れている。埋立てられた溜め池は芦屋と西宮市で七七箇所、神戸市の長田・湊川地域だけで一一四箇所もあると言われている[133]。そのうちの何割かは、需要が急速に増えていた学校や公民館、病院などの公共施設用地となった（図30）。それらは、地震の際に避難所や救急施設となったが、一九九五年の震災では地盤が液状化したため機能に不都合

(132)「阪神間モダニズム」展実行委員会（1997）：阪神間モダニズム——六甲山麓に花開いた文化、明治末期—昭和15年の軌跡、淡交社。

(133) 三田村宗樹（2003）：阪神淡路大震災（1995）——1谷埋め盛土・ため池跡地、アーバンクボタ40 特集「液状化・流動化」。

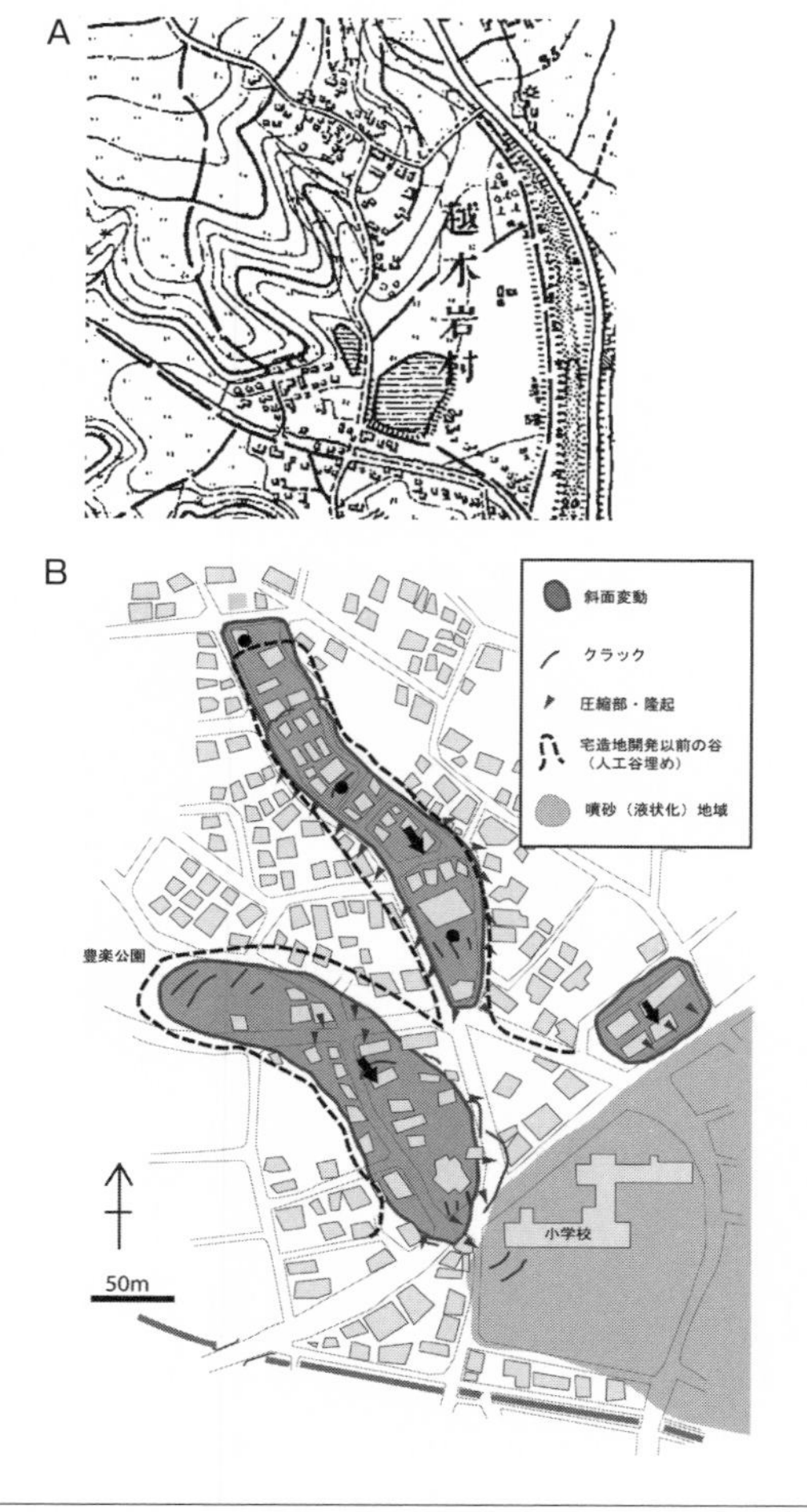

図30●1995 年兵庫県南部地震による西宮市豊楽町の災害
A：1885 年測量の旧版地形図（部分）。中央部の二つの谷と溜池が埋められた。
国土地理院所蔵 1/20000 仮製地形図『西宮町』。
B：地表の変形と地すべりの分布

が生じた場所もあった。一方、過半数の溜め池跡は宅地となり、その多くも液状化した。例えば、芦屋市三条町や神戸市東灘区森北町五丁目の様に、溜め池跡が液状化し、より大規模な谷埋め盛土地すべりに発展したケースでは、多くの住宅に被害がでた。

一九九五年の震災で大きく変動した谷埋め盛土地すべりでは、地下水位が異常に高い場合が多かった。谷埋め盛土には排水管があるはずなのに機能していなかった可能性がある。本来、谷は地表水・地下水が集りやすい場所である。溜め池が長期間維持されるためには、そうした水を集めやすい地形地質条件が必要であった。その構造は、谷を埋めても変らない。だから、造成後長い年月を経ると、谷埋め盛土にはじわじわと地下水が集ってくる。自然斜面における巨大なパイプ流と同じである。その頃には、配水管も劣化しているので、ますます地下水位が高くなる。これが、多くの古い盛土で地下水位が高い主な理由である。こうした地質条件の盛土は全国に無数に存在する。それらの一部が、地下水位の高い危険な盛土に変るのは、時間の問題である。一九九五年兵庫県南部地震は、そうした当たり前の事を示した地震であった。

阪神間では、こうした六甲山南側の丘陵地の開発とほぼ同時期に、ポートアイランド（一九六六年埋立開始）、六甲アイランド（一九七二年埋立開始）に代表される海面埋立てがさかんに行われた。六甲山の北側山麓を削り、土砂を六甲山の南側に運んで人工島を形成した。跡地に、大規模な宅地を造成して販売したので、一石二鳥というわけである。この自治体経営の手法は、当時、「山　海へ行く」、

「株式会社神戸市」などと喧伝された。震災では、こうした人工島においても被害が見られた。一九九五年の震災は、かつて、官も民も丘陵の開発に酔いしれた時代があった事を不本意な形で思い出させたのである。

二〇〇四年新潟県中越地震——全村避難と復興の陰で

山村の直下地震

平成一六年（二〇〇四年）新潟県中越地震は、山地直下の地震として特徴的な被害をもたらした。山古志村を中心とする山間部で三七〇〇箇所を越える地すべり・崩壊が発生し、全村避難の事態となった。地すべりのうち大規模なものは山間の狭い谷を塞き止め、山古志村を貫流する芋川流域だけで五二箇所の天然ダム（地すべりダム、土砂ダム）を誕生させた。ただ、こうした地すべりの派手さに比べて、土砂災害による直接の被害は、死者四名、家屋全壊一八戸に留まった。この中には、長岡市妙見町の県道を走っていた乗用車が、石坂山の崩壊に巻き込まれ、運転していた母親と同乗の女児一名が亡くなったケースも含まれている。[134]

この地震以前は、「地震で地すべりは起きにくい」というのが地すべりに関連する学会の常識だった。もちろん、一九二三年関東大震災や一七五一年の高田地震など、山地を揺らした過去の震災では大規模な地すべり災害が起きていた。しかし、それらは特殊例として考えるというのが学会のコンセンサスだったと記憶している。それは、地すべり対策事業の中核が、主に粘土がゆっくりと動く再活動型の地すべりであり、固有周期が非常に長いので、直下地震とは共振しないと考えられていたからである。しかし、実際の山地では、表土の被覆が浅い岩盤斜面の方が広く分布し、そうした斜面では地質構造にコントロールされた地すべり（岩盤地すべり）が多発した。そこで、国や自治体は地震による地すべり対策にも予算を付けるようになった。そうなると現金なもので、地震による地すべり研究の必要性が、学会レベルでも喧伝されるようになった。

芋川流域の地すべりは、国直轄の事業として対策が行われた。一九箇所の地すべり危険個所に対し、平成二五年までで約二三〇億円が費やされた。ただし、危険地域の住宅は八一戸に過ぎなかった。さらに、被害を受けた集落の再建として小規模住宅地区等改良事業を実施。住宅の再建や改修の補助金

(134) ただし、当時二歳の男児一名が救出された。そのため、この斜面崩壊は中越地震の象徴的な被災箇所のひとつとして、全国でも大きく報じられた。

として六・二億円を交付した。こうした、異例とも思える大盤振る舞いの結果、山古志村への住民の帰村率は約六割に達し、伝統芸能も復活するなど、順調な復興を遂げた。ただし、二〇〇五年四月一日、山古志村は長岡市に編入合併され、長岡市山古志地区となった。

ニュータウンの悲劇

世間を騒がせた山の地すべりの陰で、造成団地（ニュータウン）においても、宅地盛土の地すべりが発生した。顕著な被害を受けた長岡市の高町団地は、宅造法と都市計画法施行後の昭和四〇年代後半から造成が開始され、昭和五四年（一九七九年）から販売が始まった総戸数五二二戸（平成一五年）の住宅地である。このうち約七〇戸の宅地が大きく損傷し、応急判定で「危険家屋」と認定された。開発以前の高町団地は、標高約九〇メートルの丘陵であり、一部が高位段丘化[135]（標高約六〇メートル）していた。開発は、基本的に標高七〇メートル以上の丘陵の頂部を切土し、周辺に盛土する形式で行われた。したがって、被害は周縁の盛土部に作られた外周道路とそれに沿った住宅に集中し、団地の中央部にはほとんど見られない。このうちの五箇所では、斜面が崩壊し被害が大規模化した。これらは、全て浅い谷の谷頭に相当する。つまり、これらは、やや浅い谷埋め盛土地すべりであった（図31）。

崩壊した谷埋め盛土地すべりには、三つ特徴があった。まず、埋められた谷は浅いお椀の様な形状であった事、次に地下水が盛土に含まれていたこと、そして、盛土が崖際に作られていた事である。コンピューター上での再現実験では、地震の際、重力加速度を軽く超える最大加速度が、盛土斜面にかかっていたこともわかった。つまり、これらの特徴は、「滑りやすい土台の上に地下水を含んだ盛土が載っているとき、崖際で強烈な地震動を受けると滑ってしまう」という当たり前の理屈を示している。

造成年代から見て、高町団地の開発は、宅造法・都市計画法のもとで行われたはずである。したがって、一九七八年宮城県沖地震の頃から信じられていた、「宅造規制に従っていれば災害は繰り返さないはず」という楽観的すぎる推論は、ここでも破綻したことになる。そこで国は、谷埋め盛土問題の解決を目指して、宅造法の改正に踏み切った。一九六一年（昭和三六年）に施行されて以来、初めての改正である。改正法案は、二〇〇六年（平成一八年）に成立、施行された。

こうして実現した宅造法の改正であるが、未来には有効であっても、この時点ではニュータウンの悲劇を救えなかった。山古志村で見たような税金で丸抱えの対策は、「私有財産への公費投入はご法

(135) 段丘は、標高が高い所に残っているものほど、古い時代に形成されたと考えられる。わが国の場合、高位段丘と呼ばれる平坦面は、少なくとも数十万年前の河原か海底であると考えられる。

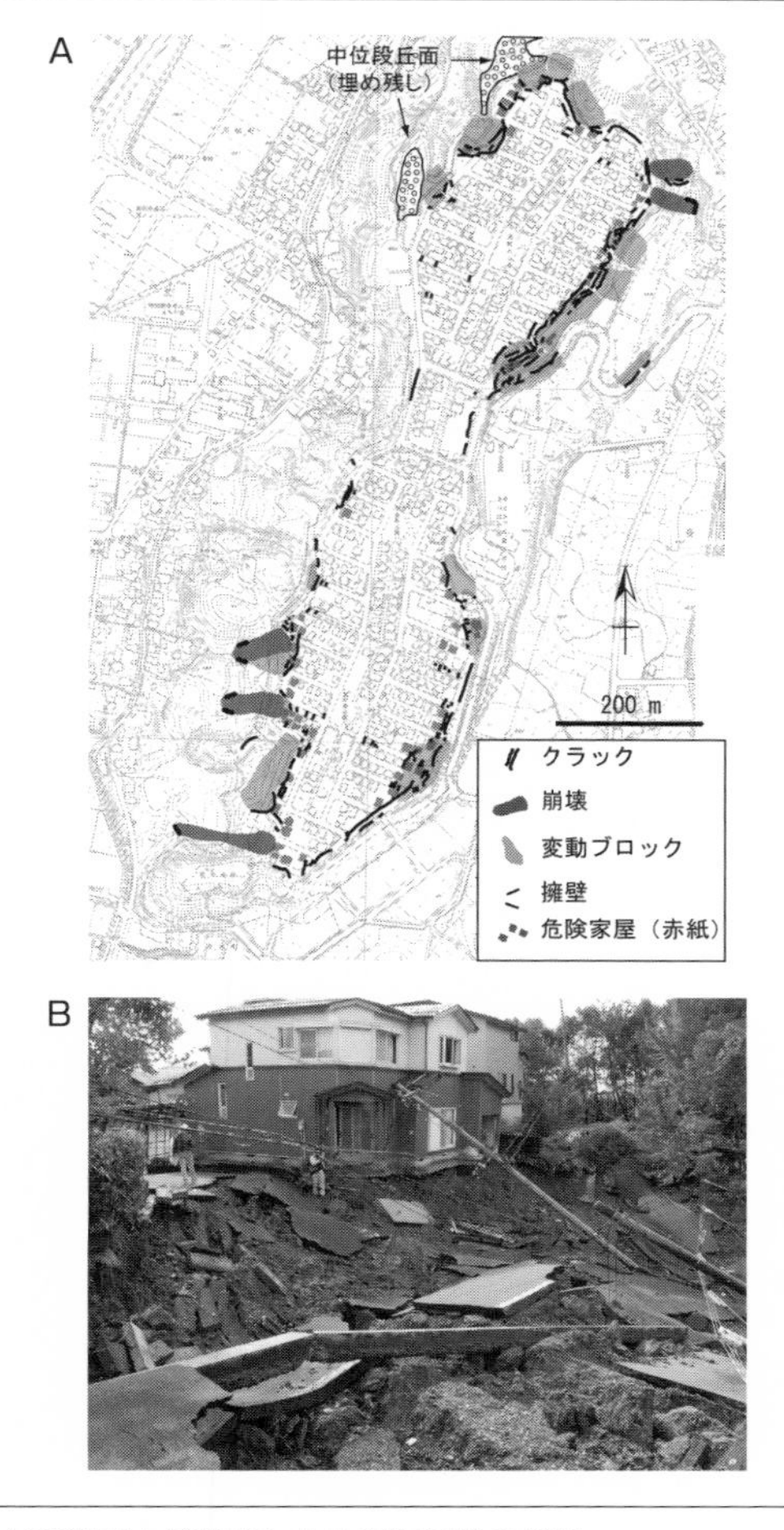

図31●2004 年新潟県中越地震による高町団地の災害。

A：変形と崩壊の分布。外周道路から外側の団地周辺部は盛土され、平坦地が増やされていた。その部分の盛土がいっせいに滑り、多くの宅地に被害を与えた。

B：崩壊した盛土（南西部)。浅い谷埋め盛土となっていた。

度」という財政規律の壁に阻まれ、都市部では実施できなかったのである。その代わり、高町団地では、外周道路（市道）の災害復旧と一部の斜面崩壊対策を県の補助を受けて市が実施した。ただし、山古志村で国が実施したような、しっかりした斜面対策は、結局実施されなかった。一般に、都市住民の所得捕捉率は高く、固定資産税・都市計画税も高額である。そのため、ニュータウンに住むような都市住民（大衆）から見ると、山村の住民に比べて、普段の税金はしっかり取られるが、いざというときのリターンは少ないというのが実感であろう。山古志村の全村避難と復興という成功物語の陰で、そうした都市開発の矛盾は解決されなかった。第7章で見る様に、この問題はやがて列島各地で顕在化することになった。

二〇〇七年新潟県中越沖地震——中小都市に拡がる宅地崩壊

二〇〇七年（平成一九年）の新潟県中越沖地震では、様々な種類、規模の災害が発生した。刈羽原発の被害が注目を集めたが、斜面災害も、柏崎市とその郊外の比較的狭い地域にまとまって発生し、住宅と都市機能に深刻な被害を与えた。同様の都市型の斜面災害は、過去の震災においても発生しているが、この地震では、斜面災害の形態と空間分布が、都市「柏崎」の発展の過程に深く関連している点が興味深い。柏崎は人口約八万人、日本海側の典型的な港湾都市である。宅地崩壊の波は、そうした地方の中小都市にまで押し寄せている。

砂山の崩れ

江戸時代後期、柏崎は桑名藩の飛び地であった。当時の柏崎は、越後縮と米の集散地として栄えた商都である。桑名藩は、柏崎に陣屋を置いて、日本海側の湊であった柏崎を統治した。『柏崎日記』と『桑名日記』は、柏崎に転勤になった桑名藩のある下級武士と桑名に残された家族との交換日記である。柏崎日記の筆者が暮らした当時の市街は、標高一〇メートル程度の海岸砂丘の上に細長く拡がっていた。[136]日本海側の海岸砂丘は、有名な鳥取砂丘や庄内（酒田）砂丘も含めて、その多くが、新旧の二重構造である。[137][138]砂丘の基本的な骨格は、やや締った古砂丘（更新世）がつくり、それを緩い新砂丘（完新世〜現世）の砂が薄く覆う構造である。[139]

砂丘の断面は非対称で、比較的急傾斜の海側斜面に対して、内陸側には緩斜面となっている。内陸の緩斜面の下には、古砂丘の浸食による谷筋があり、新砂丘の砂に覆われて、いわば天然の谷埋め盛土が形成されていた。この谷筋には、地下水が集まるので、地下水位が高かった。砂丘の上に発達した江戸時代の柏崎は、この地下水を利用した井戸で支えられていたと考えられる。しかし、この地震では、そうした谷筋の地盤が液状化し、小規模な地すべりが発生した。一方、海側斜面では、しばしば擁壁を巻き込むがけ崩れが発生し、現在は商店が建ち並んでいる砂丘の頂部では、顕著な開口割れ目（テンションクラック）が形成された（図32）。

砂丘の上に発展した都市は、直江津、新潟、酒田、秋田等、日本海沿岸の商業・交易都市に多い。これらの都市でも、一九六四年（昭和三九年）新潟地震、一九八三年（昭和五八年）日本海中部地震の際、それぞれ新潟と秋田で柏崎と同様の砂丘の地すべりが発生した。都市災害とは、土地の歴史の反映であることが、良くわかるケースである。

ニュータウンの崩れ

鵜川と鯖石川の間に分布する中位段丘面の縁辺部では、低地からの比高が一〇メートル以下になるため、谷埋め盛土や腹付け盛土方式の宅地開発が広く行われ、その多くで被害が発生した。これらの[140]

(136) 市史編さん委員会（1990）：柏崎市史。
(137) 赤木三郎（1997）：鳥取の自然をたずねて（日曜の地学23）、築地書館。
(138) 中野俊・土谷信之（1992）：鳥海山及び吹浦地域の地質、地質調査所。
(139) 小林巌雄ほか（1995）：柏崎地域の地質、地質調査所。

海側の急斜面における崖崩れ

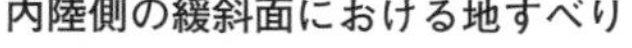

内陸側の緩斜面における地すべり

図32●2007 年（平成 19 年）新潟県中越沖地震による柏崎砂丘の斜面変動。砂丘の海側と内陸側では発生した斜面変動が異なる。

開発地域では、沖積層が厚く、盛土底面の安定化処理は事実上困難である。また、擁壁の基礎に問題のあったケースも見られた。

これら高リスクの宅地盛土は、一九七〇年代以降の宅地開発ブームの中で造成されていった。全国の都市も同様な事情であったが、全国的規模の宅地開発ブームが一九七四年の第二次石油ショックで一旦沈静化した後も、柏崎では、北陸自動車道の開通、原発の誘致など、地域経済を潤す要因があったため、宅地開発の勢いは衰えなかった。このことは、今回の地震被害を拡大させた要因の一つであると考えられる。

みちのくの地震と谷埋め盛土地すべり——二〇〇三年、二〇〇八年築館

二一世紀の初め、東北地方では被害地震が相次いだ。二〇〇三年三陸南（宮城県沖）地震と二〇〇八年岩手・宮城内陸地震である。二〇〇三年のイベントは気仙沼沖の深さ七〇キロメートルを震源とする深い地震、二〇〇八年のそれは栗駒山の山麓の断層運動（逆断層）による震源深さ約八キロメー

(140) もとの地盤にすりつけるように作られた盛土。底面の角度が二〇度以上と急な場合が多い。

トルの浅い地震であった。二つの地震の性質は異なるが、いずれも、マグニチュード七クラスの地震で、山地や田園地帯に被害が集中した点は共通している。これらの被害の中で、特徴的だったのは、宮城県築館町（現、栗原市築館）で二回も発生した、谷埋め盛土の地すべりである。これらの地すべりのすべり面角度は約一〇度と極めて緩く、地すべりとしては特異な事例であった。そのため、これらの地すべりは、様々な角度から詳しく調査され、谷埋め盛土地すべりのメカニズムを考えるうえで、重要な情報が得られた。

地震以前、問題の斜面には、幾筋かの谷埋め盛土がほぼ平行に形成されていた（図33）。ここで、二〇〇三年に崩壊した盛土を谷埋めA、二〇〇八年の地すべりが起きた盛土を谷埋めBと呼ぶことにする。谷埋めAと谷埋めBは、わずか数百メートルしか離れていない。これら隣同士の谷埋め盛土を含む一連の斜面は、一九七〇年代の農地改良事業によって造成された。斜面を造成した実際の目的は畑地とも宅地への転用とも言われているが、結果的にこの斜面は造成後も利用されることなく、適切な維持管理は長い間行われていなかった。谷埋め盛土に使った材料は、尾根部を作っていた鬼首カルデラ起源の軽石流堆積物である。この堆積物は、盛土にはあまり向かない材料であった。なぜなら、多孔質な軽石を多く含むため比重が軽い。そのため、盛土しても有効上載圧を上げにくいうえ、内部に地下水が貯まりやすい。さらに、ガサガサなので締め固めが難しく、全体に緩い盛土しか作れない。つまり、液状化しやすい条件をあらかじめ備えた材料であったと言える。さらに、旧谷底付近の地盤は、

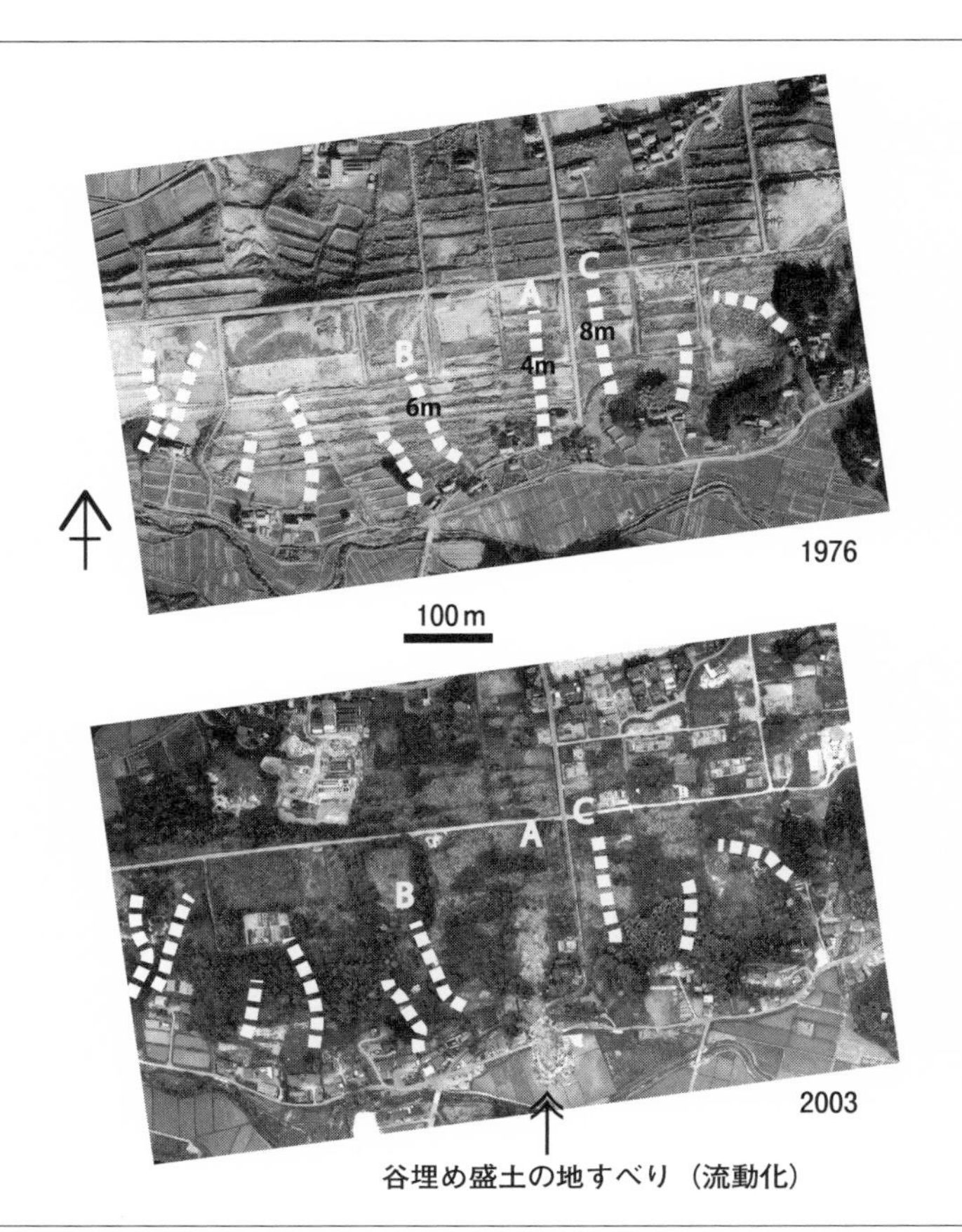

図33●1970 年代の列島改造ブームの頃、宮城県築館町館下で実施された「農地」造成（上）。多くの谷筋（白破線）が埋められ、脆弱な斜面が作られた。数字は谷の中央部の盛土の厚さ。耕作は行われず、荒地のまま放置されていたが、2003 年三陸南地震によって、A の谷埋め盛土が崩壊し、流動化した土砂が水田に流れ込んだ（下）。次の 2008 年岩手・宮城内陸地震では、B の谷埋め盛土が崩壊した（A は対策済み）。

上の空中写真は、国土地理院 CT0-76-16 C25A-23 の部分。下の空中写真は中日本航空（株）提供。

強度が特に小さく、しばしば、N値も測定不能（自沈）な状況であった[141]。このことから、地すべりの原因として、谷埋め盛土底面付近での液状化が疑われる。つまり、盛土底面の強度がほぼ失われた結果、極めて低角度でも滑ることが可能になったと思われる。もっと端的に言えば、低品質の「ダメ盛土」が造成地にいくつも作られていたことが、同じ斜面で二回も地すべりが起きた原因である。しかし、そのことが谷埋め盛土地すべりの研究において、またとない状況を提供することになった。

谷埋めA、Bの近くには、二回の地震でも崩壊しなかった第三の谷埋め盛土（谷埋めC）が存在している。すなわち、地すべりの発生しやすさは、谷埋めA、B、Cの順であった。この順番は何によって決まったのだろうか？　この斜面に分布する谷埋め盛土は、共通して低品質（ダメ盛土）であるため、強度の差は考えにくい。一方、地すべり発生の順番は、谷埋めの厚さの順番と一致する。盛土底面付近の地盤が液状化する場合、底面での抵抗はほとんど失われるので、地すべりの発生を左右するのは、側部（特に地下水面以上の）の抵抗の大きさであると考えられる。側部の抵抗は、盛土が薄いほど小さくなるので、順番が一致したというわけである。この谷埋め盛土地すべりに特有のメカニズムは、より一般化され、やがて「ローラースライダーモデル」と呼ばれることになる。

Column 4

隠された川の行方

実は今、「ロストリバー（隠された川）」が世界的に注目されている。ロストリバーとは、都市が集積度を増していく過程で、蓋をされ、地上から消された川の事である。例えば、フリート川を始め、テムズ川の支流群は、かつては市内を縦横に流れていたが、現在ではほとんど見られない。産業革命によって、ロンドンの人口が過密になると、垂れ流された下水は、支流に流れ込み、汚染された澱みとなった。それらは、しばしば、ペストや赤痢などの伝染病の原因となり、交通の障害でもあった。そこで、支流の多くは地下化された。[142] これらの地下河川（ロストリバー）が、単なる下水道と異なるのは、現在でもある程度の水量があり、都市の河川系の一部として機能している点であろう。したがって、最近は、再び地上の川として復活させようとする運動や観光資源として実態を紹介する等の運動もいくつかの都市で行われている。

東京にも童謡「春の小川」で有名な渋谷川支流など、多くのロストリバーが存在する。[143] ロストリバー化は戦前から進んでいたが、一九六四年の東京オリンピックを前に一気に進んだ。多くは暗渠となって、地

(141) N値は、地盤の締まり具合や固さを測る指標として、世界中で用いられている（標準貫入試験）。重さ六三・五キログラムの重りを七六センチの高さから落下させて打撃を加え、内径三五ミリの中空の管（レイモンドサンプラー）を三〇センチ貫入させるのに必要な打撃回数のこと。自沈とは打撃を加えるまでもなく、重りを載せただけで三〇センチ以上沈んだという状況のことで、測定不能なほど地盤が柔らかいことを意味する。

(142) Tom Bolton（2012）：London's Lost Rivers, Strange Attractor Press.

表は緑道などに利用されている。しかし、全体が暗渠化されていても川と地下水系とのバランスは健在である。[144] 川は埋められても地下で生き続けている。自然の川はいわば排水系であるが、東京では給水系の物語も存在する（図A、B）。江戸時代の用水のネットワークの水は、飲料水だけで無く、谷戸の農業用水や大名庭園の池にも使われた。現在ではこれらの多くも蓋をされ、記憶から消えようとしている。しかし、寺田寅彦の随筆、「断水の日」によると、大正時代でもこれらの用水は現役として使われていた。

江戸期に建設された玉川上水が、尾根筋を縫うように流れているのに対し、一八九七年（明治三〇年）に建設された新玉川上水は、玉川上水から初台で分水し、新宿までのルートを直線的に結んでいた。そのため、谷戸を通過する部分では、地形を無視し、盛土で谷を横断する「近代的」デザインであった。しかし、この谷埋め盛土が、一九二一年（大正一〇年）一二月の竜ヶ崎地震（マグニチュード七）で、崩壊し、東京全体で断水する事態となった。直ぐに補修されたが、二年後の関東大震災でも同じ場所で崩壊している。寺田寅彦は、この時、「私の頭の奥のほうで、現代文明の生んだあらゆる施設の保存期限が経過した後に起こるべき種々な困難がぼんやり意識されていた」と述べ、科学者らしい敏感さで、現代にも通じるメンテナンスの問題を提起している。今では、わが国のロストリバーの多くは、ほぼ例外なく谷埋め盛土になっている。そこには、自然を強引に支配し、よりいっそうの物的幸福を手に入れたいという日本型近代の主張が見え隠れする。ロストリバーを流れる水は、そうした近代思想の文脈に沿って流れ、あるいは滞り、地上のわれわれに様々な影響を及ぼしている。

(143) 田原光康（2011）：「春の小川」はなぜ消えたか——渋谷川にみる都市河川の歴史、之潮。
(144) 本田　創（2012）：地形を楽しむ　東京「暗渠」散歩、洋泉社。

A

B

図●江戸の用水跡―もう一つの埋もれた川―
A：鍋島松濤公園（東京都渋谷区）の池と谷埋め盛土。江戸時代、この一帯は紀州藩の下屋敷で、谷筋に三田用水（玉川用水の分水）が流れていた。用水は、大正8年（1919年）の地図には記されていたが、昭和4年（1929年）の地図では消えている。この間に白矢印の谷埋め盛土が構築され、跡地は宅地として分譲されたと考えられる。
B：鍋島松濤公園（左側の樹林）の上流（Aの背後）。中央の凹みが旧谷筋で、三田用水はここを流れていた。

である。だから、本来は、加害者同士の連帯責任で災害に対処するべきである。しかし、そうは言っても大変だろうから、「公共はそれを半分助けてあげる」というのが、法律の基本精神になっているからです。多くの住民にとっては寝耳に水かも知れません。しかし、土地の所有には、その場所のリスクの所有も含まれるのが原則です。「天は自ら助けるもの」を助けるのであって、そうでないものには冷たいと言えるのです。

それでは、住民に土地を売った方の責任はどうなるのでしょうか。そのための法律として、住宅の品質確保等の促進に関する法律（品確法）（1999 年、平成 11 年）が制定されました。この法律の売りは、住宅の利用が長期にわたるという事から、疵担保期間を 10 年と「長期」に設定した点です。しかし、第 6 章や第 7 章で見た様に、地盤の場合、その不具合が明らかになるのは、築後相当年数が経ってからで、10 年で露見すれば「運が良い」方です。この法律でも、特例として瑕疵担保期間を 20 年にすることが可能です。住民（エンドユーザー）の立場からすれば、本当は 100 年と言いたいところですが、せめてそれくらいは実現したいところです。

基礎知識５◆宅地と法律

土砂災害に対するわが国の対応は、対症療法的（悪く言えば、場当たり的）に災害復興とセットで何らかの法律が作られ、次の災害を抑えるという方策がとられてきました（基礎知識４参照）。宅地造成に関する法律、「宅地造成等規制法」（昭和37年）もその一つで、昭和36年の集中豪雨の際、神奈川県、兵庫県の宅地造成地で発生した多数の崖崩れに対処するものでした。平たく言えば、開発を放置すれば、また災害が起きるので、何らかの規制が必要という声に応えたというわけです。ここで重要なことは、土砂災害関連も含めて、法律制定のきっかけになった災害が、いずれも豪雨災害であった点です。それは、わが国の戦後が歴史的に地震の静穏期だったことと無関係ではありません。つまり、地震の事は真剣に考えなくても良い平和な時代が続いていたのです。

しかし、1995年兵庫県南部地震以降、わが国は再び地震の活発期に入りました。困ったことに、それ以後、地震で多発することになる、宅地の谷埋め盛土の地すべりは、これらの法律が想定していない現象でした。新たな対応が必要とされていたわけです。そこで2006年（平成18年）3月、谷埋め盛土地すべり災害の軽減を目的とした規制と対策の導入を柱とした「宅地造成等規制法」の改正が行われ、同年9月に施行されました。同時に、宅地盛土の耐震化推進事業の創設と耐震化を対象とした減税措置も導入され、平成18年はまさに宅地耐震化元年となったのです。

しかし、あまり意識されていない事ですが、この宅造法改正が住民に突き付けた内容は、実は深刻です。この法改正では、確かに、谷埋め盛土地すべりのリスクが初めて認知され、対策事業も創設されました。しかし同時に、地すべりを起こすような（しょうもない）盛土に住む住民（所有者）は、「加害者」

第7章……連続する地震災害

二〇一一年東北地方太平洋沖地震——日本が揺れた日

繰り返された津波災害

二〇一一年三月一七日に発生した東北地方太平洋沖地震（マグニチュード九・〇）は、岩手県沖から茨城県沖の幅二〇〇キロメートル、長さ五〇〇キロメートルの範囲を震源域とするわが国観測史上最大の地震である。この地震では、最大遡上高さが四〇メートルに達する巨大な津波が三陸、福島、茨城の海岸に襲来した。一万七〇〇〇人余りがこの津波の犠牲になり、浸水による全電源喪失によって福島第一原発の原子炉三基がメルトダウンした。広域にまき散らされた放射能汚染による被害は現在も進行中である。

三陸沖では、過去にもマグニチュード八クラスの巨大地震とマグニチュード七クラスの比較的大きな地震が繰り返し発生している。後者の代表例が、一九七八年宮城県沖地震である。前者の巨大地震では、今回同様に巨大津波が襲来する事が知られており、三陸沿岸ではこれを警告する多くの津波記念碑が立てられている。特に、八六九年（貞観一一年）の地震による被害が大きく、平安時代の歴史書である『日本三代実録』には、津波は陸奥国国府多賀城に達し、一〇〇〇人を越す溺死者を出したと記録されている。多賀城近くにあった「末の松山」にちなんで詠まれた、「末の松山、波こさじとは（津波が来ても末の松山は越えなかった様に）」の歌は、この状況を表している。三代実録の記載とこの清原元輔の歌は、歴史学者の間では有名で、それを裏付ける堆積物も地質学者が発見していた。つまり、津波が仙台平野内陸部深く遡上した出来事は、彼らの間では良く知られた事実であった。しかし、これは、あくまで特殊な場合として捉えられ、同じことが再び起こる可能性は、沿岸部の都市計画や原発の安全対策において、真剣には考慮されなかった。この構図は、谷埋め盛土地すべりの場合と良く似ている。

谷埋め盛土地すべり発生——一九七八年の再現

この地震は、津波以外にも大きな傷跡を東日本の各都市に残した。丘陵の住宅地では、仙台市を中心に多くの谷埋め盛土地すべりが発生し、深刻な被害を引き起こした。仙台市について言えば、一九七八年宮城県沖地震の教訓は十分に生かされていなかったことになる。

仙台市によると、宅地の被害は、約五〇〇〇宅地に上る。地域としては二五〇箇所程度であると思われる。ただし、この中には単なる崖崩れや盛土が無い場所も含まれている。したがって、谷埋め盛土地すべりと呼べるものは、それよりも少ない可能性が高い[145]。これらの被害宅地に対し地震後、国の補助金による詳細な調査が行われた。その結果、地すべりの状況はかなり明らかになったが、調査結果自体は、一九七八年時点で判明していた事実と本質的に同じで、特に目新しい点はない。例えば、仙台市太白区緑ヶ丘四丁目の地すべりは、一九七八年の地すべりとほぼ同じ範囲、同じ深さですべったが、住民が覚えていた亀裂の位置も同じであった（図34）。少なくとも、この場所で被害が繰り返

(145) 三嶋ほか（2014）：東北地方太平洋沖地震により仙台市で発生した盛土造成宅地災害——滑動崩落ブロックの特徴、応用地質技術年報33。

A

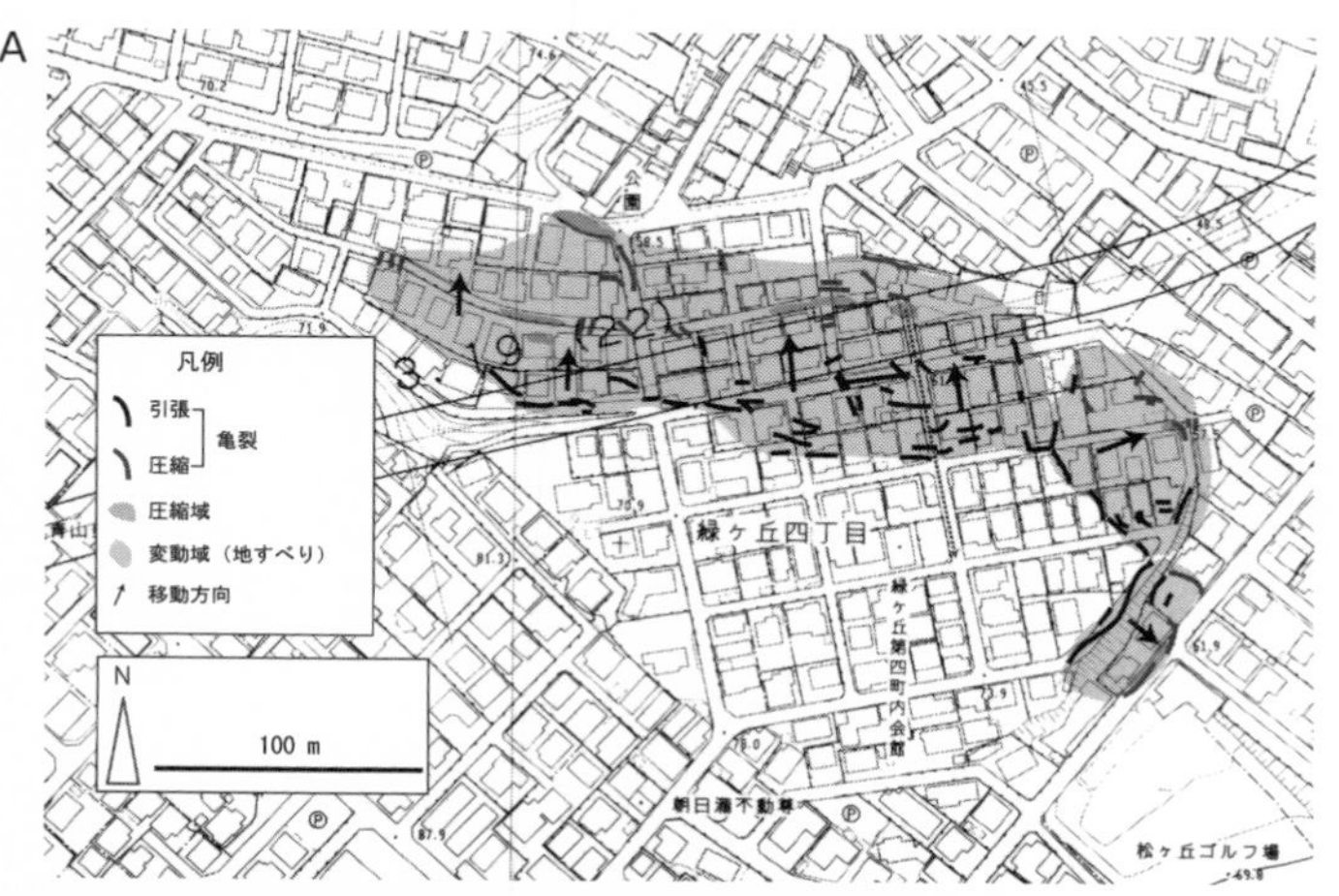

B

図34●2011 年東北地方太平洋沖地震によって発生した、緑ヶ丘４丁目地すべり（宮城県仙台市）

A：変形と地すべりの分布

B：地すべりの頭部滑落崖によって引き裂かれた住宅

された原因の一つは、仙台市が一九七八年以後の三三年間を無為に過ごしたことであると言える。

しかし、その一方、二〇一一年の地震では、一九七八年には壊れなかった盛土でも、地すべりが発生した。例えば、仙台市青葉区折立五丁目では、明瞭な移動体を持った典型的な地すべりが発生した。この住宅地は、一九六五年から一九七〇年の間に造成されたので、一九七八年の揺れは経験したが被害は免れていた。二〇一一年の地震が、より広い地域を強く揺らしたことがわかる。しかし、その後のボーリング調査によって、これらの被害地点の多くで、盛土に地下水が貯まっていたことがわかった。それを事前に知っていれば対策が可能であったかも知れない。

更に、盛土の材料が問題を悪化させるケースがある。一九七八年宮城県沖地震から七～一〇年後、かつて谷埋め盛土地すべりが起きた盛土が再調査された[146]。土質工学の常識では、盛土は時間と共に圧密し、強度は増加すると期待される。しかし、再測定されたN値はほとんどが一〇以下で、一九七八年の水準と比べて同レベルのままか、低下する傾向にあった。つまり時間とともに危険性が増していたわけである。これは、災害復旧時に盛土材とした泥岩・砂岩のブロック（掘削岩塊）のスレーキング[147]が原因と考えられる。仙台の造成地では、こうした状態で二〇一一年を迎えた。

（146）浅田秋江（2006）：怖いのは地震ではなく地盤である！、丸善。
（147）岩石が湿潤と乾燥の繰り返しによって分解してゆく現象。わが国では第三系の若い岩石に多い。通常は、地表の現象であるが、地下水の上下によって地下でも起こりうる。本文一三二頁も参照。

規制は有効か？

地震後、顕著になった現象の一つに、宅造規制効果の宣伝がある。行政と研究者の阿吽の呼吸の様に見えるが、宣伝の根拠は単純な統計である。この地震で発生した盛土上の被害宅地数と造成年代の関係を見ると、一九六二年（昭和三七年）の宅造法施行、一九六八年（昭和四三年）の（新）都市計画法の制定（開発許可制度の創設）以後に造成された宅地では被害が少ないというわけである。[148][149] データを見ると、確かに一九七〇年代以降は、被害（箇所）数が減少する。しかし、仙台では年代によって造成地全体の面積も大幅に変化しているので、谷埋め盛土の面積（と同時に宅地数）も大きく変化している。したがって、被災箇所数の変化と規制の関係を言うためには、年代毎の盛土上の総宅地数を母数とした計算をしなければならない。さらに、「盛土の疲労（排水機能の経年劣化、地下水の上昇）」や「スレーキングによる盛土劣化」の効果によっても、年代が古い盛土ほど被害が増える蓋然性がある。つまり、単純な統計だけで規制との因果関係を推定しようとする論理には、やや飛躍がある様に思われる。同様な議論（規制有効説）は、一九七八年宮城県沖地震の際にもあり、それが根本的な対策の遅れに繋がった。そのことを思えば、この種の議論には慎重さが要求されるのではないだろうか。

対策工事の効果と限界

仙台市太白区緑ヶ丘地区は、一九七八年にも谷埋め盛土地すべりが顕著に発生した場所である。この時、地すべりは、緑ヶ丘一丁目、二丁目、三丁目、四丁目でそれぞれ発生し、全国的にも有名な場所となった。そこで、この地区では、宮城県によって地すべり対策工事が実施された。谷埋め盛土地すべりに対するものとしては全国初であり、兵庫県南部地震までは恐らく唯一の場所であった。対策工事は、集水井戸による地下水の排除と何列もの鋼管杭による抑止効果を組み合わせたもので、地すべり対策としては例外的に入念である。当時、住宅地を守るという意識のあった事が窺われる。ただし、これらの対策工事は、なぜか一丁目と三丁目の地すべりについてのみ行われ、他では実施されなかった。二〇一一年の地震では、一丁目の谷埋め盛土は無被害であったので、ここでは対策の効果があったと言える。しかし一方、三丁目では入念な対策工事にもかかわらず、住宅に被害が発生した。一九七八年のような盛土全体が地すべりする被害は防げたが、杭を起点にして浅い滑りが起こってお

(148) 佐藤慎吾ほか (2015)：二〇一一年東北地方太平洋沖地震における仙台市丘陵造成宅地の被害分析、日本地震工学会論文集一五—二。

(149) 三嶋ほか (2014)：前掲注145。

り、住宅の基礎に亀裂が入ったり、傾いたりする被害が発生した。地すべりを完全に抑え込むのは難しい事を示す事例である。

緑ヶ丘四丁目では、一九七八年に大規模な地すべりがあったにもかかわらず、対策工事が行われないまま、道路と上下水道だけが補修され、住人はそのまま住み続けていた。[150] 二〇一一年の地震では、一九七八年の地すべりがほぼ同じ様に再現され、町内全体が激しい被害に見舞われた。地下水位も非常に高く、地震直後には自噴する場所もあったほどである。コンピューター上での再現実験では、地すべりは盛土の基底に残されていた旧表土を主な滑り面とし、数分間続いた本震の二回目の大揺れで大きく動いたと推定される。これは、住民の証言とも一致する。更にここでは、地震後も緩慢な地すべりが一年ほど続いた。そのため、現地での街の再建をあきらめ、集団移転を選択することになった。

二〇一六年熊本地震——肥後大変

活断層＋火山＝都市災害

二〇一六年四月一六日、熊本県中部の布田川—臼杵断層帯を震源として発生した地震（マグニチュード七・三）は、断層沿いの益城町、西原村に震度七に相当する被害を与えた。内陸地震としては、兵庫県南部地震以来の規模である。四月一四日には、ほぼ同地域でマグニチュード六・五の地震（前震）が発生しており、益城町では震度七相当の揺れを短期間に二回経験したことになる。

この地震では、熊本平野から阿蘇カルデラにかけて様々な種類の斜面災害が発生した。断層運動がもたらした強烈な地震動と火山地域特有の脆く軟らかい地質が主な原因である。わが国の火山地域では、過去にも深刻な斜面災害が発生してきた。例えば、一九四九年今市地震による関東ロームの崩壊、一九六八年十勝沖地震（三陸沖北部地震）によって青森県八戸市周辺で発生した多数の斜面崩壊、一

(150) 浅田秋江（2006）：前掲注146。

九八四年長野県西部地震による伝上川崩れ等である。これらは、今回同様、火山地域における直下地震が引き起こした災害であった。同様の災害は、海外でも多く発生している。二〇〇九年スマトラ島沖地震では、インドネシア・パダン市郊外の山岳地域で斜面災害が発生したが、多くは風化した火山灰層の崩壊によるものであった。

一方、戦後一貫して、わが国では農村の過疎化と都市への人口集中が進行し、都市では膨大な数の人工斜面が形成された。そのため、都市の地震災害では、これらの人工斜面が崩壊し、しばしば深刻な災害を引き起こしてきた。そして今回も、都市化の進展が著しい熊本市とその郊外（近隣都市）において多くの人工斜面が不安定化し、住宅に甚大な被害を与えた。活断層（震源）、火山の斜面、過密都市（人工斜面）は、内陸地震における主な災害要因である。熊本地震は、それら三つが揃った時の激烈な被害を端的に示している。

遺跡は語る

熊本地震の様な内陸地震を引き起こす断層の活動周期は、五〇〇年から数千年と言われている。産業技術総合研究所のトレンチ調査によると、一万五〇〇〇年間に布田断層で四から五回、南部の日奈久断層で四から六回の活動があったとされる。平均すると、二五〇〇年から三七五〇年の間隔である。

一方、阿蘇カルデラ地域には縄文・弥生時代の遺跡が多い。その中には、今回の地震と同様の地すべりや地表亀裂の痕跡が見られる遺跡がある。[151][152] それらの災害の痕跡を覆う地層の年代は、二〇〇〇年から二一〇〇年前の弥生時代である。トレンチ調査の結果と総合すると、今回の地震は約二〇〇〇年ぶりの出来事であると考えられる。

生活盛土と崖道

この地震の場合、宅地の被害率を自治体別で見ると、益城町での被害が大きかった。二回も激しく揺れたからであるが、被害が壊滅的になったのには、益城町の微地形が関係している。益城町中心部のもともとの地表面は火砕流台地から秋津川へ向かって緩やかに傾斜していた。こうした緩斜面に住むため、住民の多くは、川側に低い石垣や擁壁を作り、少し盛土して平坦地を作ってきた。こうした住民による古い盛土造成地は、スプロール化の結果であり、大都市郊外にあるような何らかの計画（プロジェクト）に基づく造成地とは本質的に異なっている。古くからの生活の中で自然発生的に出現

(151) 熊本県教育委員会（2003）：河陽Ｆ遺跡、熊本県文化財調査報告書209。
(152) 熊本県教育委員会（2010）：小野原遺跡群　第２分冊、熊本県文化財調査報告書257。

した事を強調する意味で「生活盛土」と呼ぶことを提案したい。今回、益城町中心部の安永から木山にかけての被害は、多くが低位段丘崖縁辺部に形成された生活盛土の地すべりと関係していた。ちょうど崖に向かって円弧状の滑落崖が点々と認められたのである（図35）。建物被害の分布は、単に断層からの距離や揺れの特性だけで無く、地形的・地質的条件に制約されていることを示す事例である。

同じ様に古くから生活のために作られ、やがて人々の記憶から消え去った盛土は、都市の斜面に無数に存在するはずである。災害はたいてい異常な降雨や地震で発生するが、発生場所は意外にも見た目は普通の場所であることが多い。こうした災害は、日常の場所にも危険が潜んでおり、それを事前に知ることが重要であることを教えている。

都市の災害を考える上で、都市化以前の地形を表した旧版地形図は情報の宝庫である。昭和四年刊の二万分の一地形図『木山』には、益城町周辺の奇妙な道路網が描かれている。道の両側が切り立った崖になっている「崖道」のネットワークである。益城町周辺の火砕流台地の地表部は非常に軟らかい地層で覆われている。そのため、古くから人馬の通行していた道路では、路面が削られ凹みとなる。そして、雨が降るとそこが地表水の通路となってさらに浸食が進む。こうしたプロセスが繰り返され、道の両脇が高さ数メートルの崖となった「崖道」が形成されたと考えられる。これらの崖道は、旧市街ではほぼ現在の道路と重なるが、一部は水路としても利用されている。ただし、辻の城などのニュ

郵便はがき

料金受取人払郵便

左京局
承認
1117

差出有効期限
2021年9月30日
まで

606-8790

(受取人)
京都市左京区吉田近衛町69
京都大学吉田南構内

京都大学学術出版会
読者カード係 行

▶ご購入申込書

書名	定価	冊数
		冊
		冊

1．下記書店での受け取りを希望する。

都道府県　　市区町　　店名

2．直接裏面住所へ届けて下さい。

お支払い方法：郵便振替／代引　　公費書類(　　　)通　宛名：

送料　ご注文 本体価格合計額　2500円未満:380円／1万円未満:480円／1万円以上:無料
代引でお支払いの場合　税込価格合計額　2500円未満:800円／2500円以上:300円

京都大学学術出版会
TEL 075-761-6182　学内内線2589 / FAX 075-761-6190
URL http://www.kyoto-up.or.jp/　E-MAIL sales@kyoto-up.or.jp

お手数ですがお買い上げいただいた本のタイトルをお書き下さい。

書名）

■本書についてのご感想・ご質問、その他ご意見など、ご自由にお書き下さい。

■お名前

（　　歳）

■ご住所

〒

TEL

■ご職業

■ご勤務先・学校名

■所属学会・研究団体

■E-MAIL

●ご購入の動機

A.店頭で現物をみて　B.新聞・雑誌広告（雑誌名　）

C.メルマガ・ML（　）

D.小会図書目録　E.小会からの新刊案内（DM）

F.書評（　）

G.人にすすめられた　H.テキスト　I.その他

●日常的に参考にされている専門書（含 欧文書）の情報媒体は何ですか。

●ご購入書店名

都道府県　市区町　店名

※ご購読ありがとうございます。このカードは小会の図書およびブックフェア等催事ご案内のお届けのほか、広告・編集上の資料とさせていただきます。お手数ですがご記入の上、切手を貼らずにご投函下さい。

各種案内の受け取りを希望されない方は右に○印をおつけ下さい。　案内不要

図35●2016 年熊本地震による益城町中心部の地盤変動

A：変動現象の分布図。図中の地すべり的に変動した領域（シャドー部）の多くは、いわゆる「生活盛土」のすべりと考えられる。

B：生活盛土の露頭。様々な礫を含んでいる。

ータウンでは、崖道ネットワークに関係なく造成されたので、一部の住宅の下に崖道が埋まっている。今回、火砕流台地の中央部では被害が少なかったが、一部、島状に飛び離れた場所に直線状の被害が発生した。これらは、上記の崖道の崖が崩壊したケースか、埋もれている崖道の部分に対応すると思われる。生活盛土と共に、過去の都市構造の一部が、「埋もれた災害リスク」となった例と言える。

定番、谷埋め盛土

わが国では、都市への一極集中が進んだ結果、現在では国民の三割以上が都（二三区）道府県庁所在地に居住している。政令指定都市以外であっても県庁所在地への人口集中率は高く、特に熊本県は県全体の人口の約四〇%が熊本市内に居住しており、熊本市とその衛星都市は人口集積度の高い地域である。こうした都市構造を反映して、この地震では市内各所において、様々な斜面災害が発生した。

熊本市の江津湖から健軍本町へ向かう谷筋（熊本市東区）は、上流部が埋められ、現在は陸上自衛隊駐屯地の一部となっている。今回、駐屯地から続く谷埋め盛土に立地する四階建てのＲＣビルが、被害を受けた。このビルは、切り盛り境界を跨いで建設されており、盛土側が少し沈下し、柱の一部が座屈した。恐らく、基礎杭にも影響が出たのかも知れない。結局、このビルは取り壊しを余儀なくされた。一見堅牢なコンクリートのビルであっても、地盤の変形には弱い事を示す事例である。

ここよりも谷の下流側では、谷全体が埋められる事はなかった。大規模な開発計画が無かったからである。しかし、都市化はそのまま進行したため、小規模な宅地開発が繰り返された。その結果、この地域では谷壁に薄い盛土が階段状に張り付き、住宅が密集する街区が作られた。個々の盛土は石垣や擁壁で押さえられてはいたが、それらの一部が崩壊し、宅地に被害を与えた。益城町と同様の生活盛土の崩壊である。

一方、本格的な谷埋め盛土地すべりが発生した場所もある。熊本市北区の立田山（標高一五三メートル）は、古い火山である。その周辺で宅地を造成するためには、山体を浸食した深い谷を埋める必要があった。今回、その一部で谷埋め盛土の地すべりが発生し、住宅や道路に被害が発生した。熊本市の郊外では、御船町辺田見の町営中原団地で、幅約八〇メートル、長さ約二〇〇メートルの谷埋め盛土地すべりが発生した。一九六四年に熊延鉄道（南熊本―砥用間）が廃止され、道路とトンネルが建設されて以降、急速に開発が進んだ地域である。バブル景気にモータリーゼーションが加わり、郊外の開発を促進した事例の一つでもあると考えられる。

中原団地における盛土の変位はわずかであったが、団地全体に避難指示が出され、全住民一〇八世帯が退去する事態となった。この場所では、一九七八年の地形図で存在した谷が、一九九五年の地形図では埋められている。御船町が地元の建設業者から購入した一九八七年（昭和六二年）の時点では既に谷埋めはされていたという事なので、造成はその直前のバブル真っ盛りの時期だったと思われる。

四月一六日の地震の際、御船町の震度は六弱であった。六弱程度の揺れで谷埋め盛土が動くかどうかは、微妙な所と言える。しかし、一九九五年の兵庫県南部地震では、震度六弱の地域にあった谷埋め盛土の約四〇％で何らかの被害が発生している。この盛土での実際の揺れは不明であるが、バブル期の造成であっても法令を遵守していたと仮定すると、この団地での谷埋め盛土地すべりは、震度六弱で四〇％という数字が決して誇張では無い事を示している。また、中原団地は、一九八〇年代以降の比較的新しい時期の造成地である。「建前上の様々な規制はあったにも関わらず」という点を記憶にとどめる必要がある。

砂上のＢＣＰ

熊本県は、企業誘致に熱心な自治体として知られている。そのアピールポイントの一つが、「安全」であった。以前の企業立地ガイドには過去一二〇年間、マグニチュード七以上の地震は発生していないとして、東北に比べて安全であると謳われていたほどである。もちろん、これは地震の本質に関する著しい誤解に基づくものである。しかし、更にもう一つ、地学に関する理解不足が、企業立地の中核である工業団地に災害を招いたケースが存在する。

熊本南工業団地は、一九七〇年代半ば、中小企業を対象とする産業施設として、嘉島町の低位段丘から沖積低地にかけて造成された。団地内ではかつての谷筋が、厚さ一〇メートル弱の盛土で埋められていた。盛土の材料は不明であるが、もともとは火砕流台地であったので、火砕流堆積物であると思われる。

今回の地震では、道路や水道が大きく破損したほか、小規模であるが典型的な谷埋め盛土地すべりが発生し、ある事業所に被害を与えた。地すべりブロックは幅約一〇〇メートル、長さ約一五〇メートルである。末端の圧縮域の変形が著しく、擁壁が破壊され、前面が著しく隆起している。工場内部の変形も著しく、この場所での事業継続は難しい状況である。

昨今のソフト対応ブームに乗って、災害に対応する事業継続計画（ＢＣＰ）の作成が推奨されている。しかし、それに関する解説や具体例は、建前とマニュアルのオンパレードで、地盤災害の可能性を真剣に検討したものは少い。谷埋め盛土地すべりの被害は、事前に建物の立地を検討すれば防げる災害である。せっかく作ったＢＣＰを砂上の楼閣としないためにも地盤条件の重要性が他に優先する事項である事を、工業団地の地すべりは語っている。

二〇一八年大阪北部地震——予行演習の様な地震

二〇一八年六月一八日に発生したマグニチュード六・一の地震により、死者四名、半壊八七棟（二〇一八年七月一六日現在）という被害が発生した。通勤通学時間であったことから交通機関で大きな混乱が生じた。この地震は、震央近傍においても震度六弱程度の揺れだったが、大阪北部の都市域を襲ったので、想定される内陸の活断層による地震、南海トラフ地震に対する備えを検証する良い機会となった。この地震では、高槻市、枚方市において、軽微ではあるが地盤の特徴と宅地の被害に関連が見られた。

全般に薄い被害分布のなかで、重要と思われるのが高槻市南平台の被害である。ここでは、谷壁に面する擁壁が変形し、崖上の宅地にクラックが入ったり、住宅が傾くなど、ややまとまった被害が発生した。南平台は、大阪層群が作る台地・丘陵の南西端に拡がる造成地である。一九六六年から一九八三年にかけて、「北摂地域で初の邸宅街」をキャッチコピーにして開発された。デベロッパーは総合商社のグループ会社で、商社が主体の宅地開発としては、わが国で最初の事例である。南平台二丁目は台地、一丁目は芥川の沖積低地に広がっているので、両者の間には約一〇メートルの崖がある。現地では、この崖を二段の擁壁で支えている。崖際では、平地を増やすための盛土が張り付いていて、上段の擁壁がこの盛土を支える仕組である。今回の地震では、崖上の切り盛り境界に沿って、クラックが南北に約二〇〇メートル連続し、それと対応する様に上段擁壁も変形した（図36）。このことから、崖際盛土が地すべり的に動き、擁壁が支えきれなかったと考えられる。同様の崖際盛土と擁壁に関係する被害は、高槻市の天神町でも見られた。

崖際の盛土では、地震動は大きく増幅し、崖際では背後の平坦地に比べて、最大加速度、速度が概ね二倍以上となることが知られている。[153] この観測結果は、中小の地震の経験によるので、大地震の際には増幅の割合は異なるかもしれない。しかし、増幅された大きな地震動によって、崖際盛土の一部で破壊が生じ、その結果として擁壁が倒壊する可能性は十分考えられるだろう。この地震による被害は、そうした崖際のリスクを明確に示している。

実際、そのリスクは、大阪の中心部にも存在する。大阪市街を縦断する上町大地の西縁部は、縄文海進時の波食崖であり、急な崖が連続している。特に、天王寺から生國魂神社にかけては天王寺七坂と呼ばれる急な坂が連続する区間で、大阪の代表的な歴史風致地区でもある。歴史ある崖地とは、つまり、崖際盛土と老朽化した擁壁がセットで斜面を構成する地域ということである。事実、この斜面では、クラックが入り傾斜した古い擁壁、不同沈下した崖際盛土など、既に様々な不安定化の兆候が

(153) 横浜市中央部の台地（下末吉面）と崖際盛土で実施している地震観測の結果による。

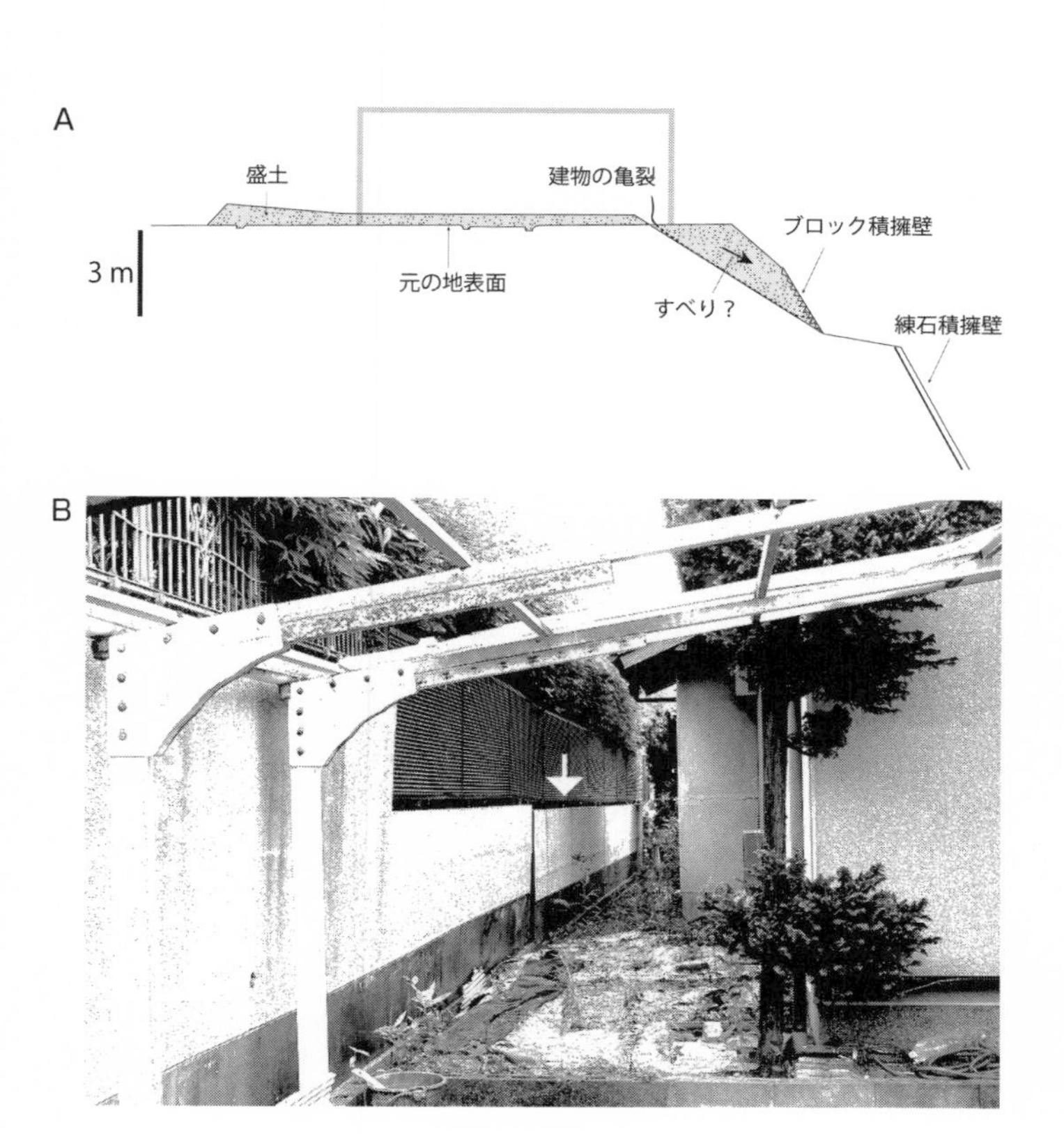

図36●2018 年大阪北部地震による大阪府高槻市南平台の地盤変動。斜面の縁辺部に置かれた盛土が滑った。

A：ある住宅敷地の造成断面図

B：切り盛り境界にできたクラックが住宅を貫いている。

複数の地点で現れている。しかも、こうしたギリギリの斜面が、上町断層からわずか数百メートルの距離に位置しているのである。しかし、大阪市は、二〇一五年、「調査の結果、市内には大規模造成地盛土は存在しない」と宣言した[154]。つまり、これらの危険な盛土は、行政的には無いことになった。実際には存在するリスクが、災害対策の網から漏れてしまうのは、最も危険な状況である。自治体は、こうしたことが起きないように努めなければならない。次の北海道胆振東部地震では、その手痛い教訓を得ることになる。

二〇一八年北海道胆振東部地震――ノーマークの災害

二〇一八年九月三〇日に北海道苫小牧市東方で発生したマグニチュード六・七の地震は、震源の深さが約三七キロメートルと浅かったことから、勇払郡厚真町から札幌市南部にかけて大きな被害をもたらした。この地震は、これまでと同様、「ノーマークの活断層[155]」による逆断層型の地震である。断

(154) 大阪市 (2015)：大規模盛土造成地の調査結果について、大阪市都市計画局ホームページ、http://www.city.osaka.lg.jp/toshikeikaku/page/0000314802.html。

(155) データベースやカタログ、分布図等に記載され、公式に活断層と認定されていない断層という意味。

層の上盤側（突き上げて動いた側）の厚真町周辺の山地斜面では、テフラ層（主に、樽前火山からの噴出物）の崩壊が、無数に発生した。これは、一九六八年十勝沖地震の際の八戸市周辺や二〇一六年熊本地震の際の阿蘇地方の斜面崩壊、地すべりと同じで、火山灰に厚く覆われた地域では、普通に起きる現象である。いわば、自然災害であると考えられる。しかし、災害の実態を調べてみると、ノーマークだったのは活断層だけでは無いことが明らかになった。わが国の宅地開発における構造的な問題点も明らかになったのである。

谷埋め盛土の液状化

札幌市清田区清田七条では、一九六八年の十勝沖地震、一九八二年の浦河沖地震、二〇〇三年の十勝沖地震に続いて、四回目の谷埋め盛土の液状化と地すべりが発生した。同じ清田区美しが丘二条から三条でも、二〇〇三年の十勝沖地震に続いて、二回目の谷埋め盛土の液状化が発生し、住宅多数が傾斜した。清田区を含む札幌市南部は支笏火砕流堆積物が厚く堆積してできた火砕流の台地である。この堆積物は、支笏火山がカルデラを形成するきっかけになった巨大噴火の産物で、軽石の塊とその隙間を埋める火山灰からなっている。重機で容易に削れるので、谷を埋める材料としては都合が良かった。しかし、所詮は軽石混じりの土なので締固めはあまり効かないうえに、地下水が貯まりやすい。

結果的に、札幌市南部から北広島市にかけての造成地では、軽い、緩い、地下水が多いという、液状化三条件がすべてそろっている谷埋め盛土が数多く作られた。つまり、この地域で何回も繰り返される液状化被害は原因が造成方法にある以上、自然災害ではなく人災と言える。しかし、盛土の上の宅地は、既に販売済みであるから、この状況は容易には変えられない。というよりも、ダメな盛土に対策して宅地を保全するのは、所有者（多くの場合、住民）の義務である。しかし、ほとんどの人はそのことに無頓着で責務を自覚できていない。なので、次の地震の際にも、同じような災害が起きるはずである。

マップ問題

この地震では、清田区里塚の谷埋め盛土が液状化し、破裂した水道管からの水の供給もあって、大量の土砂が泥流となって流れ出た（図37）。都会の珍事なので、注目されたが、この災害の本質は別の所にある。それは、問題の谷埋め盛土が、「ノーマーク」だった点である。二〇〇六年の宅造法改正を受けて、札幌市は二〇一七年三月に大規模盛土造成地マップを公表していた[156]。このマップに描かれる盛土は、面積などのいくつかの要件がある。この盛土は、それらをクリアしていたが、マップに描かれていなかった。このミスの原因はいくつか考えられるが、札幌市によると、問題個所の盛土の

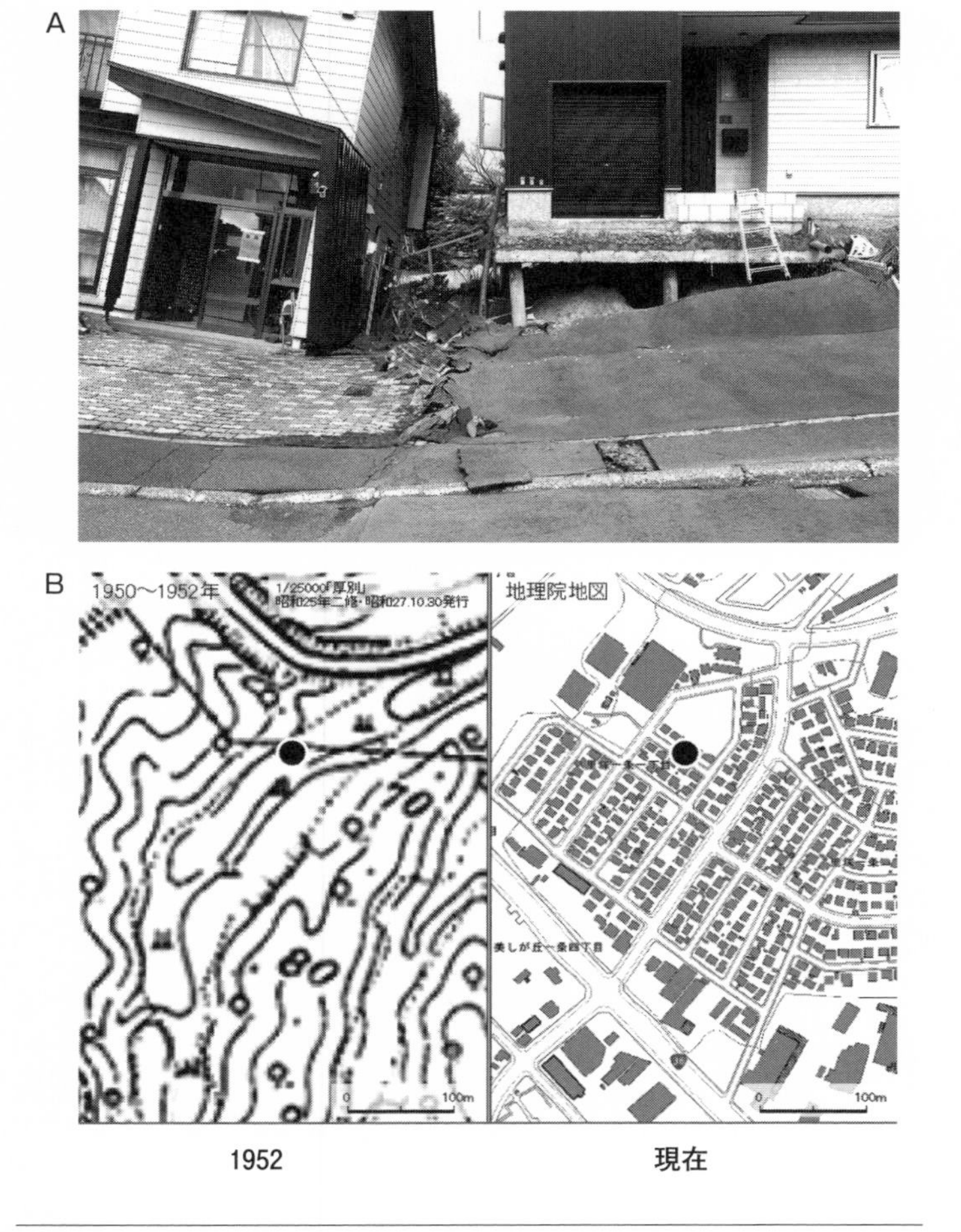

図37●2018 年胆振東部地震によって発生した液状化と地すべり。
A：液状化した谷埋め盛土が流出し、谷の中心に向かって大きく沈下した。
B：1952 年には谷だった所が埋められ、問題の谷埋め盛土が作られた。黒丸がAの地点。(「今昔マップ」より作成)

造成が二段階に分かれていたことが原因の一つとして挙げられている。すなわち、当初の谷埋めは農地造成であり、その時点で谷はほとんど埋められていたので、宅地造成として埋められたのはわずかであった。それゆえ、気づかなかったというものである。しかし、事業の目的はどうあれ、谷が埋められていたのは事実で、その部分が液状化して宅地が大きく沈下したり、地すべりした。住民にしてみれば、谷埋めが原因で被害を受けたことに変わりは無い。マップを作成する時点で、発注者と作成者の意図と地学リテラシーのレベルについて、今後検証されるべきだろう。

営業トークの限界

実は、この里塚の谷埋め盛土では、もう一つ不思議なことがあった。盛土上の宅地を販売する際、ある大手ハウスメーカーが、「ここは岩盤[157]の様に固く、地盤は良い。杭もいらないし、地震保険にも入る必要がない」と客に説明し、売っていたというものである。当然、被害を受けた住民達は、売主

(156) 札幌市 (2017)：札幌市大規模盛土造成地マップ (3)、札幌市都市局ホームページ、http://www.city.sapporo.jp/toshi/takuchi/kisei/documents/zouseimap_3.pdf。

(157) ここの地山は、支笏火砕流堆積物であり、とても岩盤とは呼べない柔らかい地層である。何をイメージして岩盤の様に固いという表現をしたのか意味不明。

に対して抗議した。しかし、件のハウスメーカーは、「谷埋め盛土を伴う造成は、以前の持ち主（大手ゼネコン）が行った。自分たちは、その報告を受けていなかった。岩盤というのは比喩的に表現したに過ぎない」と主張し、住民とは見解を異にしている[158]。

この土地は、大手ゼネコンが自社の資材置き場として一九七〇年代に造成、その後区画整理をして二〇〇四年にハウスメーカーに宅地として売却した場所である。ハウスメーカーは、ここを建築条件付き土地として販売した。現在では、築一二年〜一四年の軽量鉄骨造住宅が二十数戸建ち並んでいる。そのうち、盛土の上に建っていた八戸に沈下や傾動などの損傷が発生した。盛土の厚さは、かつての水路の真上が最大で約八メートルに達する。旧版地形図などで丹念に土地の歴史を追っていれば、誰でも気が付くレベルの地形改変である。

さらに、ハウスメーカーは自社で地盤調査を実施していた。ある住民が保存していた地盤調査データ[159]によると、地表から二メートルまでは比較的固いのに対し、二〜四・五メートルまでは異常に柔らかいことが報告されている。深度四・五メートルからは次第に固くなるので地山に移行したと判断される。要するに、四・五メートルまでの地盤をどう考えるかが分かれ目であったが、地盤調査に経験のある技術者であれば、典型的な盛土のパターンと判定したであろう。どんなに柔らかい盛土でも、地表二メートルぐらいは工事車両の影響なので締まって固くなっているものなのである。ハウスメーカーの地学リテラシーが低すぎたのか、意図的に事実を誤認したのかが、問われるべきである。

一方、このケースは、「住宅の品質確保の促進等に関する法律（品確法）」が、無条件で定めている瑕疵担保責任の一〇年は経過している。そのため、住民がハウスメーカーの法的責任を問うのは難しいかも知れない。宅地の地盤災害が起きると、様々なことが明るみに出る。地震や豪雨の度に、そうしたことが繰り返されてきた。時間や立証責任の壁に阻まれて、住民（エンドユーザー）が泣き寝入りするのも、毎回繰り返されるお馴染みのパターンである。

素早い対策

こうした清田区里塚の被害について、札幌市の動きは素早かった。変形した盛土約三ヘクタールの再液状化防止対策を全額公費（国費と市費）で賄う事を決定したのである。二〇二〇年度中には完成を目指すというから、相当なスピード感がある。その際、沈下した宅地のかさ上げも市が行うので、住民は上物さえ何とかすれば、再建できる目途がついた。被害を受けた住民の立場からすれば、このこと自体は喜ばしい事である。しかし、この対応には三つの点で問題が残った。一つは、モラルハザ

(158) 北海道新聞、二〇一九年二月四日紙面。
(159) 日経 XTECH、二〇一九年七月一七日記事。

ードである。約四〇億円をかけて工事を行うのであるが、その結果、ダメ盛土だったこの盛土は大きく改善され、品質が著しく向上することになる。しかし、その多くは私有地である。四〇億円の中には、土地の性質について真剣に勉強し、盛土を避けてわざわざ高価な土地を購入した、地学リテラシーの高い人々の税金も含まれている。被害を受けた住民に対しては、義援金の代わりとしてあきらめもつくが、そうしたダメ盛土を造成し、売って利益を得たデベロッパーやハウスメーカーは「逃げ得」という事になる。宅地の復興をほぼ全額公費で賄う方式は、東日本大震災で顕著になり、熊本地震で定着した。今後もこの方式で行くのであれば、ダメ盛土を売った側の責任を厳しく問う仕組みが必要である。

二つ目は、不公平性である。液状化の被害を受けたのは、清田区里塚だけでない。住宅が傾くなどの被害は、他の地域の盛土でも見られた。これらの盛土でも里塚と同様の液状化対策が行われないのであれば、品質に大きな差が付くことになる。これは、行政のタブーとされる資産価値に手を付ける行動に他ならない。そうした明らかな不公平が生じる施策を、住民負担ゼロで行って良いのだろうか。

三つ目の問題は、同様の地震被害が今後も続くと予想される点である。今回、たまたま顕著な被害が、(札幌市内では) 清田区里塚付近に限られた。だから、札幌市は比較的簡単に対処できたのである。しかし、同様の盛土は札幌市南部を含む支笏火山の周辺の広い範囲に多数存在する。現に、里塚に隣接する北広島市並木では、液状化による盛土の地すべりで一〇戸以上の住宅が被害を受けた[160]。更に、北海道だけでなく、本州や九州にも同じような火砕流台地の谷埋め盛土は多い。これらの将来は、ほぼノーマークである。大地震が頻発する時代を迎え、自治体は、これまでの都市開発のあり方を根本的に転換する時期に来ている。

Column 5

別荘地と地すべり

わが国では、別荘を古くは別業と言った。別業とは、皇族や貴族によって、都の郊外の風光明媚な場所に置かれた邸宅のことである。それらが集まって地域的な拡がりを持つ事もあった。例えば、宇治は藤原氏の別業の地であった。源氏物語の宇治十帖の舞台となった由縁である。近代になって、西洋的な意味での別荘地が開発され、軽井沢や箱根が有名となった。しかし、明治、大正時代に郊外の田園地帯に拓かれた別荘地で、今では都市に飲み込まれてしまった場所も多い。東京の荻窪や大阪の天下茶屋、阪神間の「園」や「荘」の付く地域などが、そうした郊外型の別荘地の例である。つまり、別荘地は、住民の意識の上でも実態としても、都市の延長部、いわば出店であると言えるだろう。

熊本地震の被災地域に含まれる阿蘇地方には、特に別荘地が多く、中には斜面に近接している場所もある。今回の地震では、そうした別荘地のいくつかが、地すべりなどの斜面災害に巻き込まれた。南阿蘇村の高野台では、溶岩円頂丘を覆う火山灰層の斜面が、草千里ヶ浜火山降下軽石に沿って崩壊し、麓の別荘

A

B

図●別荘地を横切る活断層と地すべり

Ａ：熊本地震の際に、阿蘇谷で出現した活断層。活断層は右横ずれで、東急カントリータウン阿蘇を画面左から右へ横断した。

Ｂ：活断層で切れたテフラ層が川に向かって移動し、地すべりとなった。河岸付近では盛土がされていたため、特に大きく変形した。

地を襲った。地すべりの流動性が高く、スピードが出ていたため避難することができず、五名の方が亡くなった。

高野台の南側、濁川の対岸に位置する東急カントリータウンは、ゴルフクラブに隣接する定住型別荘地である。一九九七年から分譲が始まった。今回、布田川断層の北東縁から分岐した断層が、ゴルフ場を横断して別荘地に達した。その結果、別荘地は、断層による変位と濁川に向かう地すべりに活動によって激しく変形し、建物も被害を受けた。ただし、濁川の渓岸にはやや厚い盛土があったため、この部分に建っていた住宅群は、特に大きな被害を受けた(図A、B)。

美しい風景や快適な環境は、安全を必ずしも保証しない。風光明媚なダイナミックな地形は、火山や断層による地形が多く、別荘地の建設には地形・地質条件に敏感な感性が必要である。今回の地震では、山地から都市域にかけて様々な斜面災害が発生した。それらも含めて今回の災害を総括すると、火山地域と都市直下地震という二つのキーワードでくくることができる。今回の経験は、わが国の都市計画、防災計画に重要な示唆を与えるだけで無く、災害列島に住むわれわれ全ての日本人にとって、長いタイムスパンを扱う「地学」が、生存のための必須の教養である事を示している。

(160) ここは、札幌市のマップに描かれていた。しかし、北広島市は、二〇一九年三月現在、大規模造成地マップを公表していない。

図●地殻変動で割れた円礫（静岡県・鷺ノ田礫層／緑色凝灰岩）。周囲から押される力（矢印）が不均一であるため、礫がずらされた。採取された場所は、伊豆衝突帯の西縁部（フィリッピン海プレートとユーラシアプレートの境界）にあたり、円礫が破断されるほどの巨大な力が働いたことがわかる。

所の条件によっては、変位地形が不明瞭となったり、痕跡がなくなったりすることがあります。また、関東平野の様に厚い堆積物で覆われている場合もあります。つまり、地下に隠れていて地表に現れていない「活断層」もたくさんあると考えられるのです。

---

(163)　釜井俊孝（2016）：埋もれた都の防災学、コラム3「近畿トライアングル」、京都大学学術出版会。

基礎知識６◆活断層

地殻には多くの割れ目が発達しています。これらの割れ目は、通常は固着していますが、大きな力が加わると、その固着が取れて（破壊して）、ずれることがあります。このずれた割れ目が、断層[161]で、ずれた時の衝撃が地震です（図）。そして、地下深部で地震を発生させた断層を「震源断層」、地表にまでずれが到達したものを「地表地震断層」と呼びます。

断層のうち、過去数十万年以内[162]に繰り返し活動しているものが、「活断層」です。活断層は、一定の間隔で繰り返し活動し、原則として同じ向きにずれるという特徴があります。これは、断層運動のエンジンが、プレート運動であり、その向きや速さは過去数十万年ぐらいではほとんど変化していないからです。活断層のずれの平均的な速さは、断層ごとに異なり、断層の活動度（活発さ）の指標とされています。活断層は、数万年という長期間で見ると、活発に活動しているのですが、一本の活断層による大地震発生間隔は数百年から数万年であり、人の一生からすると非常に長いのが普通です。

活断層による地表の食い違い（変位）が繰り返されると、変位の累積が地形として記録されることがあります。この地形を「断層変位地形」と言い、断層の活動度、変位の向きなどによってさまざまな地形が認められます。そうした地形を手掛かりに、調査が行われた結果、現在、日本では2000以上もの「活断層」が見つかっています[163]。しかし、日本はその気候の特徴から浸食・堆積作用を受けやすいため、活断層の活動度やその場

---

(161) 定義上、ずれの大きさは関係ない。むしろ、ずれの向きが重要で、正断層、逆断層、（右・左）横ずれ断層に分類される。

(162) 第四紀（約260万年）に活動したことがある断層という定義もある。

第8章　激甚化する豪雨——土砂に流される街

二〇世紀の終り頃から、数十年に一度のはずだった集中豪雨に出会う間隔が短くなったという指摘がされている。気象庁がまとめた「アメダスによる短時間強雨発生回数の長期変化」によると、時間雨量五〇ミリ以上の観測回数は、観測を開始した一九七六年以降、明瞭に増加傾向を示している。要するに大雨の回数が増加しているのである。都市と防災を考えるうえで、これが意味するところは実に深刻である。二〇世紀の日本のニュータウンは、比較的穏やかな気象条件や地震の少ない時代に生まれた。そうした自然からのボーナスに甘えて、住宅が山際に近づくようになったのである。その結果、「裏山が崩れて土砂が住宅に流入」という現象が普通に起きる様になった。そのため、気象庁は二〇一三年から、「数十年に一度の事態」に警戒を呼び掛けるため、特別警報を制度化した。大雨に関する特別警報が頻繁に出るようになったが、被害は増え続けている。いったい「極端気象の時代」

にわれわれのニュータウンは上手く適応できているだろうか。ここでは、極端な豪雨がもたらした災害を都市の設計という視点から、構成要素ごとに見てみよう。

斜面都市広島一九九九、二〇一四

市域の拡大と土砂災害

広島は、太田川三角州からはじまった。戦前の市域は、ほぼ沖積平野の部分に限られていたが、一九七〇年代以降、山地を含む周辺の町村を吸収合併し、全国有数の斜面都市（斜面上に形成された住宅密集地の割合が多い都市）となった。広島市の周辺の山地は、主に花崗岩からなっている。花崗岩山地では、豪雨による表層崩壊と土石流が発生しやすいため、下流の平野部への出口付近では災害が多い。事実、藩政期から旧市街を取り囲む花崗岩の山地では、土石流災害が繰り返し起きていた。特に、一九〇七年（明治四〇年）七月一五日と一九二六年（大正一五年）九月一一日の土石流災害では、百人以上の犠牲者を出している。[164] それには広島市の郊外が立地する地形の特徴が、大きく影響している。

太田川や根谷川など大河川の流域では、各支流が山地から出る部分に扇状地が発達している。これらの扇状地は、土石流の繰り返しによって作られた土石流扇状地であり、大雨が降るとしばしば土砂災害が起きるような場所である。つまり、数十年に一度はどこかで大災害が発生するため、そもそも居住には注意が必要な場所だった。

しかし、本流沿い低地は洪水の危険があるのに対し、これらの土石流扇状地は、高燥で開発も容易である。そのため、高度経済成長期になると、その多くが宅地化された。しかも、バブル期を挟む一九七〇年代半ばから一九九〇年代になると、開発は渓流の中まで入り込み、土石流の通り道の様な場所にまで及ぶようになった。その結果、起きてしまったのが、一九九九年と二〇一四年、そして二〇一八年の広島市を中心とした地域の土砂災害である。これらの災害には、都市開発の矛盾と災害の関係が典型的に顕れている。

土砂災害防止法——一九九九年の災害

一九九九年（平成一一年）六月二九日未明から、前線の移動に伴って降りはじめた雨が、午後にな

(164) 広島市 (1984)：広島新史（歴史編）。

ってから急に強くなり、広島県全域で記録的な大雨をもたらした。特に、広島市佐伯区から安佐北区へ向かう北東に延びる幅約七キロメートルの地帯と、呉市から東広島市に至る幅約一〇キロメートルの狭い範囲に豪雨が集中した。これらの地帯では、一時間雨量にして四〇〜七〇ミリの雨が記録されている。その結果、この地帯で多くの斜面崩壊と土石流等が発生し、三一名の死者、一名の行方不明者が出た。

この災害を受けて政府は、ハードウェアのみに頼っていた従来の災害対策を見直し、制度改革で乗り切ることにした。具体的には、二〇〇一年（平成一三年）四月の「土砂災害警戒区域等における土砂災害防止対策の推進に関する法律」（土砂災害防止法）の制定である。この法律は、土砂災害の恐れのある地域を調査によって洗い出し、警戒区域と特別警戒区域を指定しようとするものである。これらの区域では、建物の構造規制、開発の規制、建物の移転勧告等を行うことができる。いわば、土地の価値に災害の割引タグをつけるようなものである。以前はとてもできなかったこうした施策も、バブル崩壊後のこの頃になると可能になった。そして、当初のもくろみが成功すれば、災害は減少するはずであったが、そう上手く事は運ばなかった。無謀な開発が地域に残した傷は、それだけ深く、リスクの軽減は進まなかったのである。その現実をわれわれは、二〇一四年（平成二六年）に再び広島で見る事になる。

繰り返された災害——二〇一四年広島土砂災害

二〇一四年（平成二六年）八月二〇日午前三時二〇分から四〇分にかけて、広島市北部に乱雲が連続して発生し、線上に連なったことでほぼ同じ地域に豪雨をもたらした。これによって、安佐北区では多くの地点で時間雨量一〇〇ミリを超える集中豪雨が観測された。その結果、安佐北区可部、安佐南区八木・山本・緑井などの住宅地後背の山が崩れ、同時多発的に大規模な土石流が約五〇箇所、土砂崩れ（崖崩れ）が少なくとも一七〇箇所で発生した。これらにより、死者は七四人に上った。この死者七四人という数は、土砂災害による人的被害としては過去三〇年間の日本で最多であり、一九八三年七月に島根県西部で八七人が死亡・行方不明となった豪雨（昭和五七年七月豪雨）による土砂災害以来の大きな人的被害となった。

この災害については、様々な議論があった。しかし、総じて見れば、地形・地質条件、メカニズム、被害の発生パターンのいずれにおいても、この災害は、一九九九年災害の再現であったと言える。つまり、自然は大昔から同じように土石流を流しているだけという当たり前の事が確認できた。なので、この災害の本質的な原因は、人々が災害の記憶（歴史）を都合良く忘却した点にあると言える。その典型的なケースが八木三丁目での災害である。

薄れる記憶――八木三丁目の土石流

八木三丁目の土石流は、渓流沿いの住宅地と県営緑丘住宅を直撃し、死者・行方不明者四四名の災害となった（図38A）。被災した住宅街は典型的な土石流扇状地の上に拡がっていた。したがって、今回の災害は、こうした土地の危険性が、都市計画、宅地開発計画において考慮されなかったことが、主な原因の一つである。しかし、当初からこの様に土地の性質を無視した開発が行われたわけでは無かった。

広島市公文書館が所蔵する一九六一年（昭和三六年）四月の空中写真を見ると、県営団地の二つのセグメントの間には、巨礫が地表に点在する真新しい土石流堆積物が分布している。県営団地は、この土石流堆積物を避けるように配置されているので、計画段階では土石流の危険性は意識されていたと推定される（図38B）。今回（二〇一四年）、県営住宅も一部被災しているので、今回の様な大規模な土石流への対策としては、こうした配慮だけでは不十分であった。しかし、できる範囲でリスクに対処しようとした姿勢は評価できる。ところが、一九七一年（昭和四六年）六月の空中写真では、空き地として残されていた土石流扇状地の表面は、整地され、駐車場、宅地として利用されている。列島改造ブームを経て、山津波（土石流災害）に対する危険性の認識が、経済効率の前に薄れた（忘れ

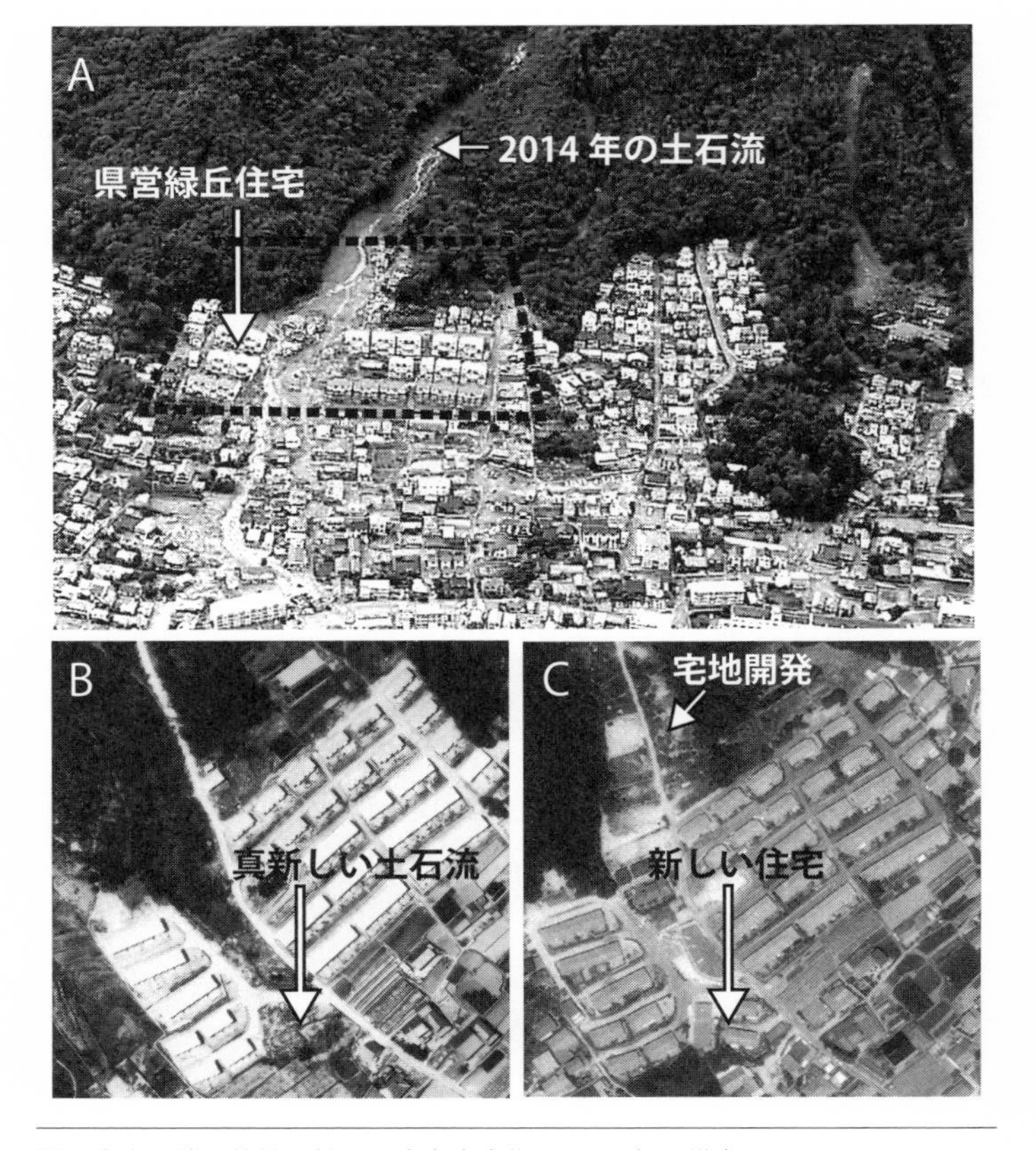

図38●土石流扇状地に拡がる広島市市街と 2014 年の災害。

A：広島市安佐南区八木付近の斜め空中写真（国土地理院）

B：県営緑丘住宅建設直後（1961 年 4 月）の空中写真。二つのセグメント間は巨石が散在する真新しい土石流堆積物であり、空き地となっていた。（写真提供、広島市公文書館）

C：1974 年 6 月の状況（写真提供、広島市公文書館）。土石流の表面は整地され駐車場、宅地として利用され、宅地開発が谷の中にまで及んでいる。列島改造ブームを経て、山津波（土石流災害）に対する危険性の認識は、薄れていった。

た）ことが窺える（図38C）。当然、住宅も周囲に密集するようになり、一部は土石流の通路となる渓流の中にまで入り込み、多くの死者を出す事態を招いたのである。

しかし、そもそもなぜ住宅が谷の中にまで建つことになったのであろうか？　その理由を一言で言えば、「線引き」の問題ということになる。一九六八年（昭和四三年）に成立した（新）都市計画法は、「都市の健全な発展と秩序ある整備を図り、もつて国土の均衡ある発展と公共の福祉の増進に寄与すること」を目的としている。そのため、市街化区域（都市に組み込む区域）と市街化調整区域（開発から守る区域）の境界を定める、「線引き」が主な任務である。市街化調整区域では宅地開発が難しくなる。そのため、規制を受ける側（開発業者、土地所有者）はあの手この手で市街化区域の拡大を図った。

広島市では、この線引き作業は昭和四六年に完了したが、その直前には、開発業者による用地買収が活発に行われ、山麓の開発数が増加した[165]。さらに、市街化区域は、既存の開発地を包含するように設定され、その後も土地所有者等の要請によって拡張された。その結果、危険な土石流扇状地の多くが市街化区域に含まれる結果となり、こうした場所で多くの犠牲者を出す結果を招いた。つまり、相次ぐ広島の土石流災害は、この都市の都市計画とその運用に大きな欠陥があったことを具体的に証明している。

崖際開発——山本八丁目の崖崩れ

二〇一四年（平成二六年）八月二〇日午前三時二〇分頃、広島市安佐南区山本八丁目で崖崩れが発生し、一一歳と二歳の兄弟が亡くなった。崖崩れ自体は、どこの都市でも起きるような小さな規模のものである。しかし、二人が土砂に巻き込まれた原因を調べてみると、そこには法令を運用する側の問題点が横たわっていた。

この地域の開発の歴史は、数次の空中写真によって辿ることができる。一九六〇年代には田園地帯であったが、一九七〇年代になって、やや広い谷沿いに住宅が入り込む様になった。バブル期を含む一九八〇年代になると、谷の中は住宅が密集し、ほぼ飽和状態となった。しかし、問題の斜面を含む地域（山本八丁目）には、エアーポケットの様に空き地が残されており、開発は及んでいなかった。しかし、二〇〇八年頃になると、隙間を埋める様に宅地化が始まり、現在に至っている（図39A）。

周辺住民によると、そもそも、この崖下の空間は分筆され、未利用地（緑地）として残された場所であった。しかし、未利用地であったこの場所は、数年後、新たな宅地として販売されたというのが

（165）広島市（1983）：広島新史（地理編）。

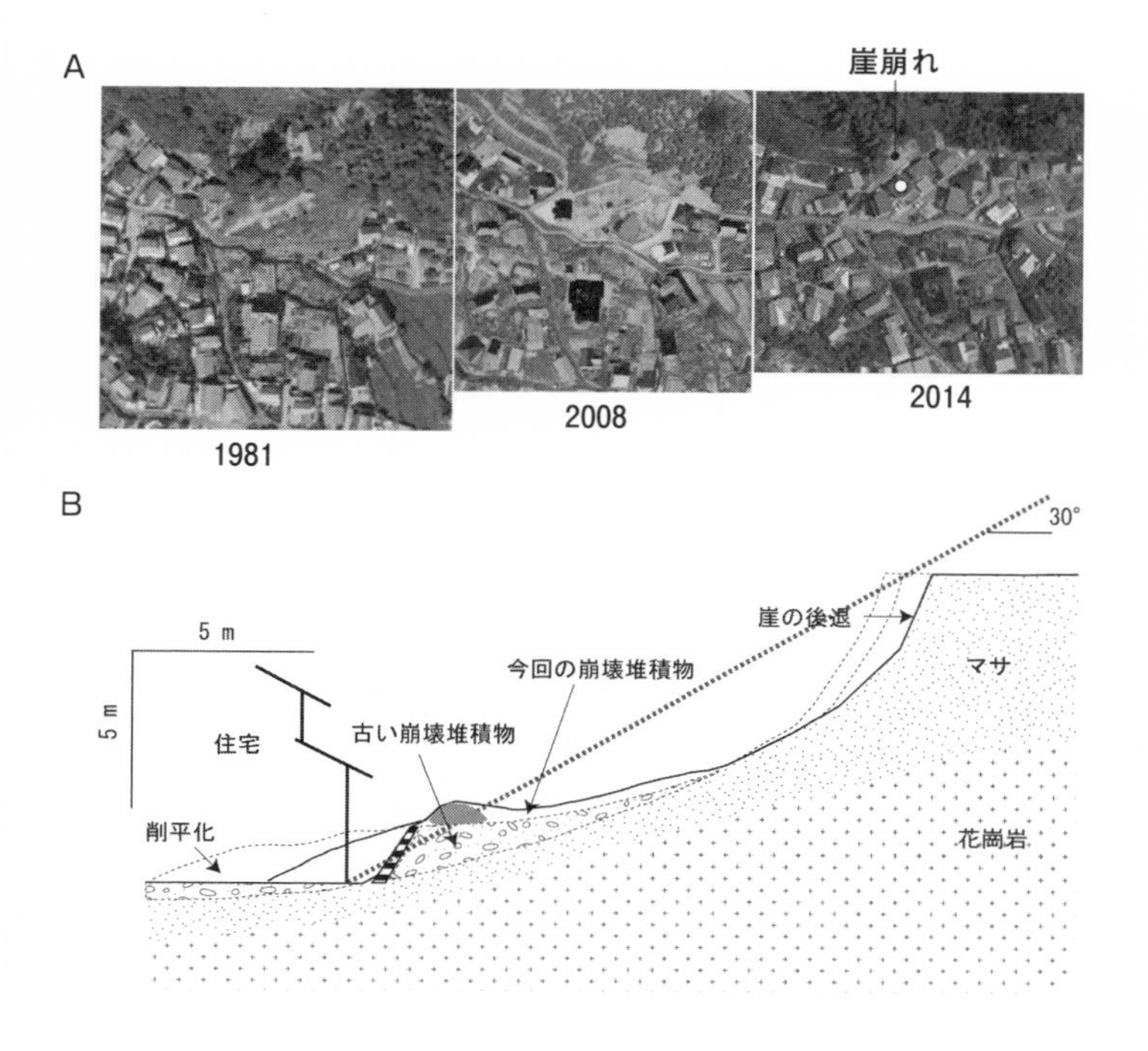

図39●2014年広島土砂災害により、広島市安佐南区山本8丁目で発生した崖崩れ

A：空き地の開発の進行過程。2000年代に入って、空き地の開発が進んだ。2014年の崖際の4戸のうち、中央の2戸は崖条例の適用を免れていた。この災害では、その住宅（右から3戸目の○）に土砂が流入し、2名が犠牲になった。国土地理院 CCG811-C6-27, CCG20082-C21-42, CCG20145-C9-18の一部を使用。

B：崖崩れの断面図。空き地には古い崩壊土砂があったが、開発時には平坦化され、見えにくくなっていた。崖の勾配はほぼ30°であったが、崖は後退を続けており、全体として不安定であった。

時系列である。

崖下は崖崩れの危険がある場所である。なので、そこを未利用地として残したのは賢明な選択であった。法令上、面積一〇〇〇平方メートルを越える宅地を造成する場合は、開発許可が必要になるので、それ以下に収まるように面積を調整する意味もあったのかも知れない。しかし、緑地として残すという判断がなぜ覆されたのか、あるいは当初から数年後には宅地化する計画であったのか。現在では良くわからない。

建築基準法では、崖にくっついて家を建てることを禁じている。そこで、崖を定義し、どの程度まで接近できるかを条例で定めている。自治体が定めた建築基準法施行条例のうち、この部分は通称、「崖条例」と呼ばれ、崖に近接する敷地に家を立てる場合は、崖条例に従って建築確認を受けることになっている。しかし、山本八丁目の崖崩れでは、被災した住宅は崖条例の適用を受けていなかった。そのため、危険な崖側に大きな窓を取っており、犠牲者が出る結果になった。一方で、隣家は崖条例による構造上の制限を受け、人的被害を免れている。

現地を観察すれば、崖は人工的な切土斜面であり、この場所が過去にも崩れていたことは明白である。そして、長期的な崖の後退プロセスを考えれば、崖崩れのリスクが高い場所であったことは、容易に判断できる（図39B）。同じ様な悲劇を繰り返さないためには、建築の分野での地学リテラシーを向上させることが必要である。

二〇〇〇年東海、二〇〇六年福井、二〇一〇年呉——頻発する極端豪雨災害

過去の大規模な谷埋め盛土地すべりは、ほとんどが地震によって起きている。一般に、外力としては地震が豪雨を上回るからである。しかし、最近、谷埋め盛土が崩れて流動化し、災害につながるケースが見られるようになった。谷埋め盛土を崩すほど、豪雨が激しさを増してきたのか、排水施設の老朽化など盛土の方に原因があるのかはわからない。しかし、豪雨が、宅地崩壊の原因として重要性を増しているのは確かであろう。

思い返してみると、今世紀の初め頃から、雨の降り方が激しくなった。一九九九年の広島豪雨災害はその先駆けだったが、翌年二〇〇〇年（平成一二年）九月の東海豪雨ではその傾向が顕著になった。この時、名古屋市緑区で谷埋め盛土の一部が崩れ、斜面下の道路を歩いていた一名が亡くなった。[166] この盛土は工場建設のため、約八〇年前の昭和一〇年代に造成された古い盛土である。以来、大過なく過ごしてきたが、この年の異常な豪雨を耐えることができなかった。工場建設当時は、人里離れた場所であったが、現在では周囲を住宅が取り囲み、都市域に取り込まれた格好になっている。当初は思

いもしなかった急速な都市化が招いた災害と言える。

その後、二〇〇六年（平成一八年）にも同様の災害が発生した。この年の七月、停滞していた梅雨前線が北上、集中豪雨となった。福井市では五二二ミリと平年の約二・四倍（七月一五日〜二四日）の降水量であった。福井市中野一丁目では、古いゴルフ場の谷埋め盛土が崩れて下流の住宅を押しつぶし、二名が死亡した。この谷埋め盛土は、一九七四年に開場したゴルフ場のために造成された。一九七五年撮影の空中写真には、ゴルフ場が拡がる山の下まで宅地開発が進んでいる状況が写っている。しかし、区画は全く埋まっていないので、ゴルフ場側も、三〇年後にこんな災害を引き起こすとは、思っていなかったに違いない。

この時崩れた谷埋め盛土の末端部はいわゆる「盛りこぼし」で、特に土留めや排水の施設は設けられていなかった。盛土材は砂礫が主体で透水性は良好だが、基岩の凝灰角礫岩は固結していて透水性が良くなかった。したがって、地下に浸透した降雨が、盛土の中に溜まりやすい構造であったと言える。崩壊後数日経っても、滑落崖の底部からは地下水が盛んに流れ出していたほどである。同じような谷埋め盛土は周辺にいくつか存在するが、盛土背後の集水面積を比べると、崩壊した谷埋め盛土が最大である。すなわち、水文条件的には最も不利な場所にある盛土で、崩壊が発生したと言える。犠

(166) 井口　隆（2002）：二〇〇〇年九月東海豪雨による土砂災害の発生状況、主要災害調査38、防災科学技術研究所。

牲者の遺族は盛土の所有者（つまり、ゴルフ場の運営会社）に損害賠償を求めて提訴した。結局、二〇〇九年、地裁の和解勧告によって、盛土の所有者が謝罪し補償金を支払うことで両者が合意、和解が成立した。

これら二つのケースは、盛土の末端が一部崩壊した例である。しかし、盛土の大部分が流出する大規模な崩壊が起きたこともある。二〇一〇年（平成二二年）七月中旬、九州から中国地方にかけて停滞した梅雨前線による豪雨があり、各地で災害が発生した。中でも、一六日に広島県庄原市で発生したゲリラ豪雨による災害が良く知られている。比較的狭い範囲に、多くの山地崩壊や土石流が集中的に発生した災害として注目された。しかし、それに先立って、一四日には呉市安浦町の中央ハイツでやや特異な災害が起きていた。団地の背後の斜面が、幅約三〇メートルにわたって崩落し、土砂が宅地に流入、土嚢を積んでいた住民二人が埋まり、一人が死亡したのである（図40）。自然斜面の崖崩れにしては、崩壊が深く大規模である。調べてみると、沢の出口に置かれていた盛土（残土？）が崩壊したものであることがわかった。崩壊した深さは約一〇メートルで、高さ数メートルの滑落崖が盛土の上端部にできていた。上流から供給された沢水の浸透により、盛土全体が流動化したものと考えられる。この盛土が置かれていた土地（斜面）は、団地を造成した不動産会社と数名の個人が所有していた。しかし、不思議なことに、所有者責任が問われることはなく、盛土があった場所には、砂防ダムが作られた。もちろん、公費で賄われたはずである。

図40●2010年7月の呉市安浦町中央ハイツの災害。沢の出口を塞ぐように作られていた谷埋め盛土（残土？）の斜面が崩壊し、1名が犠牲になった。盛土の斜面は、両サイドの切土斜面にすり付く様に作られていた。現在、この場所には砂防施設が立地している。（写真提供：毎日新聞社）

二〇一七年三郷町——倒れる擁壁

豪雨や地震で崩壊した斜面を良く調べてみたら、実は以前から少し不安定であったというケースは多い。こうした「被害は常に最も弱い所に出現する」という災害の原則は、二〇一七年（平成二九年）台風二一号による豪雨災害でも発揮された。その一つが、奈良県三郷町、近鉄生駒線線路脇の擁壁の倒壊と宅地盛土の崩落である（図41）。

この地域は、もともと大阪層群からなる丘陵で、大阪のベッドタウンとして、一九六〇年代から開発されてきた。旧来の造成地は、丘陵の谷筋を走る線路から少し離れていたが、二〇〇〇年代に入ると線路脇まで宅地化が進んだ。その際、丘陵斜面の凹凸が慣らされ、低い部分を通る線路に対して、高さ約五メートルのブロック積擁壁が連続する状況となった。その際、凹んでいた部分、つまり丘陵を刻む谷の谷頭だった部分は盛土となり、擁壁は、より大きな土圧を受けることになった。一〇月二二日、この盛土部分の擁壁が幅六〇メートルに渡って崩れ、土砂が近鉄生駒線の敷地に流入、線路を埋めた。住宅の基礎がむき出しになり、関係する八戸のうち、六戸が危険宅地に指定された。このケースは、近鉄vs住民の問題であり、本来は両者の間で解決するべき事柄である。しかし、奈良県は、知事のリーダーシップのもと、迅速な復旧と住民保護の視点から、あえて現場に介入し詳しい調査に

図41●2017年台風21号豪雨による宅地崩壊。左端の擁壁の残骸は、後方に回転している。擁壁の基礎が盛土（横縞の地層）の土圧と水圧に耐え切れなかったことが、こうした事態を引き起こした。基礎杭が無ければ住宅も倒壊しているところであった。

乗り出した。この決断により、この災害の原因の解明と対策が一気に進むことになった。

奈良県による調査の結果、この崩壊のメカニズムは比較的単純で、地下水を大量に含んだ盛土の土圧が増加し、擁壁を巻き込む様に滑ったことがわかった。しかし、深刻だったのは、この擁壁に以前から不安定化の兆候があったことである[167]。現地での聞き取りによると、作られてから約五年後の二〇〇六年には一部が変形し補修された。さらに、二〇一三年くらいから住宅の基礎付近が沈下をはじめ、今回の事態に至った。谷埋め盛土の様な土構造物と異なり、擁壁は安定計算[168]を実施して作られることが多い。その際の安全率[169]は普通3である。つまり、相当安全側を見て設計されているはずである。したがって、そうした擁壁で不安定化の兆候が見られた場合、持ち主は深刻な事態として受け止める必要がある。この場合もそうであったが、施工業者の対応も場当たり的であったためか、持ち主の住民達の危機意識は高くなかった。しかし、この場合、崩れた土地と擁壁は住民達の所有物なので、住民達は近鉄に対して加害者である。[170]莫大な賠償が予想されたが、幸いなことに住民達の負担は自宅の地盤復旧費用だけで済んだ。しかも、その多くは保険（火災保険の水災特約）が適用されたため、住民の負担額は、かなり軽減された。

やや詳しく経過を述べたが、このような事例は、全国各地でこれまでも起きてきた。そして、極端な豪雨が予想される以上、今後も起き続けることを覚悟しなければならない。土地を買う場合、その土地のリスクも漏れなく付いてくることを覚えておく必要がある。

二〇一八年西日本豪雨——逃げない人々

二〇一八年（平成三〇年）七月六日から八日にかけて、台風七号がもたらした大量の水蒸気が、日本列島を横断する様に停滞した梅雨前線に数日間にわたって流入し、西日本一帯に記録的豪雨をもたらした。中国近畿四国の一一九の観測点で、観測史上最多の七二時間降水量を記録した。概算であるが、年間降水量の約八%が三日間で降った計算になる。こうした猛烈な雨のため、広島県、岡山県を中心に二二四名が犠牲となり、西日本の一一府県で同時に特別警報を出す事態となった。平成史上最悪の「平成三〇年七月豪雨災害（西日本豪雨災害）」の発生である。河川の決壊による洪水も多かったが、土砂災害も相次いだ。谷の出口や谷の中で、多くの住宅が土砂に埋もれ、犠牲者を出した。その有様は、極端気象時代を迎えたニュータウンそのものであった。

広島県では、土砂災害だけで八七名が亡くなった。この豪雨災害による広島県の犠牲者は一〇八人であるから、圧倒的な割合である。土砂災害は、異常な豪雨の領域（線状降水帯）が、一九九九年や二〇一四年に比べてやや南寄りだったので、広島市南部から呉にかけての領域で多かった。要するに、この地域では線状降水帯がどこかにできれば、その下では災害が起きるということである。ただし、細かく見ると、災害の発生原因にはその地域固有の理由が見え隠れする。例えば、広島市安芸区梅河団地では、約六〇戸の住宅のうち約二〇戸が全半壊し、六名が亡くなった。梅河は「埋め河」の意味

(167) 日経ホームビルダー（2018）：鋼管杭が大惨事を防ぐ、日経ホームビルダー226。
(168) 構造物や斜面が安全かどうかを技術的にチェックする仕組み。安全率を越えているかどうかで判断する。
(169) 「抵抗する力÷壊そうとする力」で定義される比。1でバランス状態を意味する。
(170) 日経ホームビルダー（2018）：民家の盛土崩落は自己責任か、日経ホームビルダー223。

である。土砂災害を意識させるので、団地の名前では、縁起の良い梅の字に代えた。梅河団地は、一九七五年（昭和五〇年）頃、山間の土石流扇状地の上に造成された。治山ダムが二〇一八年に完成したばかりだったので、その効果を信頼していた人もいた。しかし、土砂はそれを乗り越えて団地に流入したのであった。近くの安芸郡熊野町川角五丁目の大原ハイツでは、一二名が犠牲になった（図42）。ここも、土石流扇状地の上を、一九七五年（昭和五〇年）頃に宅地開発した場所である。二筋の土石流が、ほぼ同時に団地に流入したため、被害が拡大した。これらの被災地が、いずれも昭和五〇年前後に開発されたニュータウンなのには訳がある。一九六九年（昭和四四年）に施工された都市計画法では、開発許可制度が導入された。業者にとっては面倒な手続きが増えたことになる。それだけでも鬱陶しいのに、一九七四年（昭和四九年）には、対象が未線引き区域まで拡張された。つまり、規制の網が大きく広がったことになる。そこで、それを嫌った業者による開発許可申請がその頃に集中したというわけである。

この災害で、広島県における土砂災害の犠牲者の約九割、つまりほとんどは、広島県が指定した土砂災害特別警戒区域（レッドゾーン）か土砂災害警戒区域（イエローゾーン）にいた人々だった。つまり、逃げるべき人が逃げていなかったことになる。このイエローゾーンの中にいて逃げなかった事例は、他の地域でも見られる。神戸市灘区篠原台では、土石流が家の前の道路を流下していく様子を、住民が家の中から動画撮影していた。この土石流には、たまたま巨岩が含まれなかったため、この時

A

B

図42●土砂災害における警戒区域とそうでない地域――被害は想定外では無かった

A：2018年7月、土石流被害を受けた地域（広島県熊野町大原ハイツ）。この地域は、土砂災害警戒区域（イエローゾーン）に指定されていた。しかし、避難が遅れ、12名が犠牲になった。リスクが上手く伝わっていなかった。

B：Aと同じ団地（大原ハイツ）の中で、土石流被害を受けなかった地域。この地域は、土砂災害警戒区域に指定されていなった。固定資産税の評価額は、災害リスクも考慮した行政からのメッセージのはずである。しかし、AとBの地域の税額はほとんど変わらない（警戒区域は1割減免）。これでは、リスクが上手く伝わらないのも当然である。

は死者が出なかっただけである。土石流の規模から考えると、複数の犠牲者が出ていてもおかしくないケースであった。この団地でも土石流が流れた地域は、警戒区域（イエローゾーン）に含まれていた。しかし、それを知っていた人でも約七割の人が避難していなかったのである。

警戒区域にいて、避難勧告がでているにも関わらず、避難しなかった理由を尋ねてみると、ほぼ次の三点に集約される。「自宅が安全と判断、近所が避難していなかった、避難所に行くのが危険と判断した」である。回答した人は生き残ったわけであるが、犠牲になった人も同じような気持ちで居残っていたと考えることができる。山際に住んでいるほとんどの人は、災害リスクの存在自体は理解しているはずである。しかし、それを逃げるという「行動」に結び付けるのは難しい。それが、この災害で得られた重要な教訓と言える。一方、みんなで逃げて助かった例もある。東広島市黒瀬町洋国団地では、土石流によって集落の五分の一に当たる一〇戸が全半壊したが、犠牲者はゼロであった。「みんなで渡れば怖くない」という日本人の特性を逆手にとって、共助の仕組みを上手く働かせた結果と考えられる。話題になるという事は、こうした例が少ないことを示しているが、今後のヒントになりそうな事例である。

Column 6

千年盛土の作り方

石清水八幡宮は、八五九年に創建されたと伝えられる、非常に古い神社である。平安京南西の裏鬼門を守護する王城守護の神、王権・水運・武芸の神として朝廷・武家等より篤い信仰を受け、連綿と神事を続けてきた。こうした神事では、神饌を盛った素焼きの土器（土師器）はリサイクルされず、毎日、一定量の「使用済み土師器」がゴミとなった。平安時代から中世後期にかけて、これらのゴミは本殿の裏の谷に捨てられていた。その結果、長い間かかって土師器混じりの土による谷埋め盛土が造成され、谷頭に平坦地が作られた。ボーリングを掘って調べてみると、数メートルの盛土の途中に二回、火災の痕跡（多量の炭）が挟まっていて、その付近では土師器の破片が少ないことが分かった。年代測定の結果では、これらの火災の年代は、源平の争乱の頃と南北朝の動乱の時期に当たる。記録によれば、一一四〇年と一三三八年に石清水八幡宮は多くの建物が消失しており、発掘結果もそのことを裏付けている[171]。こうした戦災の影響で、一時的に神事が低調になったのかもしれない。

この谷埋め盛土は、流水による浸食を除けば、現在でもほとんど変形していない。周辺には崖崩れの跡も多く、一五九六年の慶長伏見地震を筆頭とする数回の大地震のいずれかで崩壊していてもおかしくなかったが、そうした地震災害にもこの谷埋め盛土は耐え抜いたことになる。そこで、現地から試料を採取し、「土師器を含んだ盛土」と「含まない盛土」の震動に対する変形性と透水性を実験室で比較した。その結果、地震に対する強さに関しては、両者に大きな相違は見られなかった。しかし一方で、両者の透水性に

図●石清水八幡宮裏の谷埋め盛土。土器片が積み重なっている。

は大きな違いがあり、土師器を含んだ盛土は、含まない盛土に対して、約一〇〇倍も透水性が良い事がわかった。しかも、水平方向（土師器の配列に平行）の透水性は、鉛直方向に比べて約三倍であった。つまり、土師器というカワラケの堆積構造を反映し、透水性に異方性が生じたと考えられる（図）。

結局、約一二〇〇年間もの間、この山中の平坦地が保存されてきたのは、地下水が滞留しにくい構造を持っていたため、地震の際にも間隙水圧が上がりにくく、強度が低下しなかったためと言える。そもそも、石清水八幡宮は、「先達」が「あらまほしき事」の舞台となった場所である。[172] この事は偶然の結果ではあるが、あいかわらず危険な谷埋め盛土を作り続けている現代の我々に対し、先達として、安全な盛土の作り方を教えているようにも思われる。

(171) 八幡市教育委員会（2011）：石清水八幡宮境内調査報告書、八幡市埋蔵文化財発掘調査報告書56。

(172) 吉田兼好：徒然草第五二段。

水や表面水により流動化、③河道閉塞を起こした天然ダムが、ダム湖の水位上昇によって決壊し、土砂とともに流下、です。このうち、①と②が同時に起きることもあります。すなわち、土石流の始まりは小規模な浅層崩壊であっても、渓床の堆積物を取り込んで推進力が増加、沢の壁を削りながら体積を増やし、推進力を増やしながら、やがて大規模な土石流に成長するという具合です。実際の災害では、こうした複合的な原因による土石流が多く、崩壊源の規模に比べて、土石流堆積物の体積の方がかなり大きい場合が普通に見られます。

土石流を防ぐため、これまで様々な方法が考案されてきました。コンクリート製の砂防ダムは代表的なものですが、土石流の衝撃力にまともに対抗するためコストがかかります。そこで、土石流の流動する仕組みを逆手にとって、土石流の底面から水だけを抜き、土砂を止める対策工法（底面水抜きスクリーン）も考案されています。しかし、最も効果的な対策は、土石流の通り道である土石流扇状地（土石流堆）に住むことのリスクを理解することです。そうした場所で、地学リテラシーは、命を守る最後の砦として機能するはずです。

基礎知識７◆土石流の仕組み

土石流とは、斜面や河床に堆積した土砂が水と混合することによって流動的になり、谷に沿って流れ下る現象の事です。巨大な岩や流木を含んでいるため、打撃力が大きく、深刻な災害を引き起こす流れです。沢筋の土砂を削りとるため、流れが黒く濁り蛇が這っていく様に見えることもあります。そのため、山の集落では古くから「蛇抜け」などと呼ばれ、恐れられてきました。また、土砂の割合が多く、密度が高い流れであるため、慣性力が強く作用し、直進性が顕著でなかなか停止しないという特徴があります。そのため、「鉄砲水」などとも呼ばれてきました。各地に残る「だいだらぼっち」伝説も土石流の事だと思われます。

土石流の打撃力は、流れの先端に巨大な岩塊が集中することによって最大化されます。いわば、固い拳のようなものです。巨大岩塊が土石流の流れに取り込まれると、浮力と共に、周りの中小の石からの衝突力を受け取ります。巨礫の周りの衝突力を合計すると、直径が大きいほど大きい上向きの力を生むことになり、浮力と衝突力の合計が自重を上回れば、巨礫は次第に表面に浮上してきます。流速は土石流の表面が最も速いので、浮上した巨礫はやがて先端部に集まってくるというわけです。[(173)]また、巨礫群が一度通過しても、次の巨礫群が何回も押し寄せてくる場合があります。これらは、段波と呼ばれ、土石流全体が複数の段波から構成されている状況は、しばしば観測されています。

発生形態から見ると、土石流には以下の３つの原因が考えられます。すなわち、①渓流に堆積している砂礫が大雨で流動化して流れ出すもの、②斜面崩壊や地すべりの崩壊土砂が、地下

---

(173)　池谷浩（1999）：土石流災害、岩波新書。

第9章 新たな公害の予兆——建設残土処理問題

環境問題や開発問題は、社会の仕組みが大きく変わろうとしている時に起きるものかも知れない。その視点で見ると、谷埋め盛土の問題は、都市住民の大多数が住んでいた借地借家が、持ち家に転換されるという、日本人と住宅の関係が大きく変わる過程で発生したと言える。谷埋め盛土は様々な時代に作られてきたが、東京や大阪を除き、全国的に最も多かったのは、高度経済成長期である。この時代には、輝かしい経済発展の裏側で大気や水質の汚染といった公害が深刻化した時期でもあった。そして、谷埋め盛土の一つのルーツがこの時代にあるわけで、谷埋め盛土地すべりは、いわば、「遅れてきた公害」であると言える。

一方、最近は、都市近郊で、建設残土の斜面が出現し、宅地に被害を及ぼす事例が見られるようになった。個別の原因を越える大きな社会状況の変化が、背景にあるのかは、未だ分からない。しかし、巨大マンションや超高層ビル、様々なインフラ工事から排出される建設残土の処理能力が、既に飽和状態になっていることは想像に難くない。戦後社会は、生活の豊かさとは裏腹に、社会のあちこちで様々な歪みを生んだ。そうした歪みの一つが育ちつつあるのかもしれない。

二〇一四年豊能町、二〇一七年岸和田——崩れる「農地」

残土斜面の崩壊事例を調べてみると、目的を農地の開墾と称して残土を積み上げた場合が目に付く。もちろん、既存の農地を残土処分地に転用する場合は、農業委員会の許可[174]が必要である。それでは、新たに作る場合はどうであろうか。実は、地目が山林や原野の場合、開墾自体は、砂防法や森林法等の規制さえクリアすれば問題ない。農地法では、作ることは規制していないのである。その場所が、宅地造成規制区域内であっても、目的が「主として建築物の建築又は特定工作物の建設の用に供する目的で行う土地の区画形質の変更」(開発行為の定義)でないので、宅造法や都市計画法の規制がかからない。つまり、違法では無い。なかなか上手な手法である[175]。しかし、現実には、こうした少し異様な「開墾」が、斜面災害を引き起こし、宅地に脅威を与えている。大阪府で最近起きた事例をもとに、その実態を見てみよう。

家庭菜園

二〇一四年（平成二六年）の初め、大阪府豊能町木次では、地山から七〇メートルの高さまで、建設残土が積み上げられていた。残土斜面の平均傾斜は約四五度であったというから、見上げるような高さに感じたはずである。はたして、二月二五日、約一四万m^3の土砂が崩壊し、斜面を長さ二〇〇メートルも流れ下った。土砂は、府道を幅一〇〇メートルにわたって閉塞し、道路沿いの電柱をなぎ倒した。そのため、近くの住宅地で一二〇〇戸が停電し、一三〇〇世帯が避難する騒ぎになった（図43）。

残土を積み上げたのは、大阪の建設会社（T商事）である。二〇一二年一〇月、丘を少し削って平坦にし、面積約五四〇〇m^2の「家庭菜園」を造成するとして、砂防法などに基づく府の許可を受けた。しかし、実際は、許可範囲の三倍以上の一万七四〇〇m^2にわたって大量の建設残土を積み上げていた。実は、建設残土の処分において、法的な責任者は決まっていない。どの処分場に運ぶかは、処分を任

(174) 市街化調整区域の場合。市街化区域の場合は、届け出のみで転用可能。
(175) 残土条例や土砂条例と呼ばれる自治体独自の規制がある場合を除く。

図43●建設残土斜面の崩壊と土石流災害。大阪府豊能町木次の残土斜面の崩壊（2014年2月）。崩土が府道を閉塞し、長期間、地域生活に影響を及ぼした。（提供：毎日新聞社）

された業者の自由である。しかし、まともな処分場は常に不足気味で売り手市場であり、料金も高い。そうした状況で安い業者が現れれば、当然そこに土砂が殺到する。豊能町の場合、普通一〇トン（ダンプ）あたり八〇〇〇円の所を五〇〇〇円で引き取っていた。安全管理上考えられない安さであり、当然、排水路など防災施設も無かった。

こうした状況を受けて、大阪府は、一年で八〇回も口頭で指導した。しかし、その指導には強制力は無く、危険な状況は改善されずに、崩壊に至ったのである。崩壊によって七月末まで途絶した府道の復旧工事は大阪府によって行われ、総額約一三億八〇〇〇万円が費やされた。二〇一四年一一月二〇日、T商事の元実質経営者に対する判決公判が大阪地裁で開かれた。元実質経営者は、大阪府府砂防指定地管理条例違反の罪に問われ、余罪（詐欺罪）と合わせて懲役三年（執行猶予五年）、法人としての同社は罰金二万円の判決を受けた。大阪府は、この経験を受けて、「大阪府土砂埋め立て等の規制に関する条例」、及び「同施行規則」を制定し、二〇一五年七月一日から施行した。

果樹園

二〇一七年（平成二九年）の台風二一号は、建設残土の斜面にも影響を及ぼした。一〇月二二日一七時三〇分頃、大阪府岸和田市大沢町において、建設残土で造成した斜面が大規模に崩壊し、約五万m^3の土砂が支流の谷を流下、本流の牛滝川をせき止めたのである。そのため、上流では水位が急速に上がってダム湖の様になり、並走する府道（主要地方道）を走っていた車四台が水没、そのうちの一台から女性一名が逃げ遅れて水死した。水深は道路から約一．五メートルであった。また、このダム湖の上流になった大沢町中心部では洪水が発生、工場や住宅数軒が冠水の被害にあった。

建設残土が積まれていたのは、岸和田ゴルフ場の隣接地で宅地造成規制区域内の山林である。二〇〇五年頃から、岸和田市内の建設会社によって、「果樹園」造成を名目に建設残土による埋め立てが続いていた。二〇一五年頃には、造成地が大幅に拡大し、西端と北端で深い谷埋め盛土が作られた。

特に、西端の谷埋め盛土では、末端部に長大な盛土の急斜面が出現した。二〇一七年の災害は、この末端盛土斜面が、高さ約四〇メートル、幅約四〇メートルにわたって崩れたことがきっかけである。崩壊面には、多くの地下水噴出孔（パイプ）が見られ、それらの一部からは晴天時にも関わらず、地下水が流出している。また、かなり流量のある谷を埋めたので、上流からやってくる川の水を谷埋め盛土の下を通して流す必要が生じた。しかし、盛土底部に設置された排水管は、流量に対して断面積が不足気味であり、豪雨時などに排水がうまく行かなくなると、盛土の内部に水が浸入することが予想される。つまり、一〇月二二日の崩壊の原因として豪雨と河川水の盛土内への浸透が疑われるのである。大阪府は、豊能町木谷の崩壊と同様、現地の復旧に多額の経費を費やしたが、残土を積んだ加害者への対応は分かれる形となった。[176]

二〇一三年大津から二〇一八年京都へ——越境する残土

湖西ロードサイド

滋賀県は、京都から見ると近江の国、つまり近い湖の国である。特に、琵琶湖西岸（湖西）地域と京都は、比叡山を介して古代から結びつきが深く、多くの道が開かれてきた。現代では、国道一六一号線のバイパスである西大津バイパスと湖西道路が、京都山科と湖西地域を短時間で結んでいる。しかし、京都から近い湖西の丘陵地帯は、残土を捨てるのに格好の地形である。そのため、近江から見ると、この道は建設残土が運ばれて来る道となった。その状況は、二〇〇五年に湖西道路が無料化されると更に加速した。中でも、湖西道路の和邇インターの周辺には、現在でも大規模な残土処分場が

(176) 平成三〇年四月二八日開催の「台風二一号災害復旧説明会（岸和田市大沢町）」に関する大阪府のサイトの記事に、興味深いやり取りが記録されている。住民からの人災ではないかという指摘に対し、大阪府と岸和田市は、（建設残土の崩壊は、）天災であると答えている。
http://www.pref.osaka.lg.jp/kishido/kishido-home/setumeikai20180428.html。

点在している。

大津市和邇は、古代大和の豪族である和邇氏ゆかりの地域で、御厨や荘園が連綿と営まれてきた歴史の里である。二〇一一年、この地の一角に残土処分場を建設する計画が持ち上がった。大津市に許可された面積は、約九九〇〇m^2、高さは約二五メートルであった。しかし、埋め立て許可を受けた業者（京都のN開発）は、二〇一三年には、許可面積を大幅に超えて処分場を拡げたうえ、高さも約六〇メートルに達する高盛土を作っていた。土砂をできるだけ高く急傾斜で積めば、多く受け入れることができて、それだけ利益を生むからである。しかし、こうした無理筋の急斜面は、たびたび崩落して土砂が河川に流れ込んだ。自社の作業員が重機ごと転落して負傷する事故も起こった。この状態に怒ったのが、隣接して霊園を営む比叡山延暦寺である。なにしろ、霊園と比叡山の間に割り込むように土砂の山ができていた。霊園へのアプローチ道路に被害を受けた延暦寺は、地元住民と語らって公害調停を申し立てたのである。ほぼ同時に、大津市も業者を市条例違反で告発、N開発と社長は書類送検された（後、略式起訴され罰金刑）。

古代、中世から変わらず、現代でも京滋において、「叡山」は伝統的権威である。大いに勇気づけられた大津市は、早速、N開発の埋め立て許可を取り消すと共に、条例を大幅に強化した。こうして、大津市を長年悩ませてきた問題の一部は取り除かれたのであった。しかし、京阪神の建設現場で生産される残土の量は変わらないどころか、ますます増える傾向にある。それらの残土は何処に行くのであろうか？　その答えの一端をわれわれはやがて目にすることになった。

小栗栖土石流

二〇一三年七月の時点で、大津市が残土条例に基づき、許可を出していた業者は五社であった。しかし、そのうち、N開発は許可取り消し、他の二社は搬入を停止していた。つまり、この時点で大津市の残土処理能力は大幅に低下したわけである。しかし、湖西に新規に残土処分場ができる見込みも無く、京都ではゼネコンを含め各建設業者は、毎日発生する残土の処理に悩んでいた。処分場不足が解決されない以上、今後は京都や滋賀の山間部に不法投棄が多発し、災害のきっかけになるのではと危惧されていた。

二〇一八年（平成三〇年）、そのことが現実になった。七月二六日の毎日新聞朝刊によると、七月五〜七日の西日本豪雨のさなか、京都市伏見区大岩山（標高一八一メートル）の南稜線付近に大量に積み上げられていた残土の一部が、崩壊したのである。崩壊土砂は、渓流を土石流となって約四〇〇メートル流下したが、渓流の出口にあった溜池でせき止められ、ようやく小栗栖の住宅地手前約一〇メートルで停止した（図44）。流下した土砂は、直径数センチ〜数十センチの亜角礫〜亜円礫を含む砂礫で、乾電池、ドラム缶、各種金属、プラスチック片、コンクリート片などが含まれていた。つまり、

図44●京都市伏見区小栗栖の残土斜面崩壊と土石流（2018 年 7 月）。土石流は住宅まで約 10m に迫った。（提供：毎日新聞社）

産廃混じりの建設残土であった。

稜線に土砂を積んだのは、大津市で埋め立て許可の取り消し処分を受けた、あのN開発である。しかも彼らは、土地の所有者にも無断で残土を捨てていた。二〇一七年六月から半年にわたって、自らが土地の所有者だと偽り、下請けの建設業者に指示して大量の建設残土を不法に投棄させていたのである。実は、残土を取り締まる条例は京都府にはあっても、京都市には無かった。つまり、大津でのように罰せられる心配はない。N開発はその隙をついたと言える。

住民からの通報により、二〇一七年七月という早い段階で、京都市の環境政策局は、不法投棄の事実を把握していた。しかし、彼らの関心は土砂が産廃かどうかにあったので、監視を継続するという対応に留まった。その間に、残土は積み上がり、危険なレベルにまで達したのである。度重なる住民からの通報によって、宅造法を担当する都市計画局が対応を始めたのは、二〇一八年一月になってからであった。見事な役所仕事の縦割りぶりであったと言える。しかも不可解なのはここからで、都市計画局は、不法投棄された土砂の撤去を求めるどころか、危険な傾斜を是正するという名目で、残土の搬入継続を容認したのである。土地所有者からこの是正工事を任されたのは、N開発の下で不法投棄を実行していた建設業者であった。この業者は一〇トン当たり八五〇〇円という公営処分場に近い価格で土砂を引き受けたが、搬出業者からの電話が鳴り止まなかったという。薄利多売だった大阪府豊能町木次の業者とは、営業戦略の違いを感じる。大阪と京都の商いの違いかも知れない。それはともかく、京都市の指導の結果、当初の不法投棄分を上回る量の残土が「合法的」にもちこまれた。やはり行政に比べて、業者の方が役者が数枚上手である。そして、この是正工事で持ち込まれた土砂も含めて、七月の崩壊と土石流が発生したのであった。更に、九月の台風二一号の豪雨でも一部で斜面崩壊が発生した。その後、二〇一九年二月になって、ようやく、京都市は土砂を安定勾配まで撤去させる方針を示した。土木工事において、最も儲かるのが、土砂を動かすことである。業者にしてみれば、大岩山は宝の山という事になった。

二〇一四年横浜——街角の残土崩壊

二〇一四年（平成二六年）一〇月六日、台風一八号がもたらした豪雨（継続雨量三〇〇ミリ）によって、横浜市内では一〇八箇所で崖崩れ発生した。このうち、横浜市緑区白山では建設残土の斜面が崩壊し、下の住宅にいた一名が犠牲となった（図45）。現地は、多摩丘陵の南部を開折した谷の側壁にあたる。都市化が進んだ地域であり、問題の斜面部分だけを残して周りには住宅が建ち並んでいた。つまり、災害が起きたのは、まさに生活圏の中と言える場所だった。

問題は、横浜市で不動産デベロッパーを営むT企画が、斜面を含むこの一帯を競売によって取得したことから始まる。斜面は比高差が約三〇メートルもある急斜面であるので、宅地にするためには、盛土によって平坦地を作る必要がある。そこで、T企画は、崖際の道路から下の斜面に、建設残土を捨てることを思いついた。捨てやすいように、ガードレールを固定するボルトが抜かれ針金で縛ってあったほどである。ダンプカーがバックで崖に接近し、そのまま荷台を上げて積み荷の土砂を、dump（投げおろす）しやすいようにとの工夫である。残土処分代も手に入るので一石二鳥の妙案に思われたが、この場所では、厚さ１m以上の盛土は許可が必要であり、擁壁や排水施設の設置も必要となる。T企画は、こうしたプロセスを確信犯的にすっ飛ばしていたわけで、まさに違法盛土の典型的

図45●大量の水とともに高速で流下し、住宅の壁を突き破った建設残土（2014年10月、横浜市緑区）。この崩壊によって、この部屋にいた住民1名が犠牲になった。

な事例であった。横浜市は、二〇一〇年に宅造法に基づく是正勧告と工事の停止命令を出した。すると、T企画は一旦は指導に従うそぶりを見せ、是正工事も始めたが、その工事はすぐに止まってしまい、それから三年以上にわたり、この斜面は危険なまま放置されていたのであった。

T企画が棄てた残土は約九〇〇〇m^3である。全体に緩く、雨水が浸み込みやすい状態にあった。浸み込んだ水が、地山と残土の境界を流れ、下端には湧水も見られたほどである。この状態で豪雨を迎えれば、崩壊するのは時間の問題であったと言える。発生した崩壊の滑落崖と土砂末端の比高差は約二〇メートル、崩壊源の幅は約四〇メートル、崩壊の長さは約八〇メートル、崩壊土量は約四〇〇〇m^3であった。この土砂が泥水となって崖下の住宅を襲い、犠牲者を出す事態となったのである。

災害発生後、T企画の社長は、今回の件は天災であると主張した。あれだけの雨が降れば、崩れるのは当たり前という主張である。どこかで聞いたセリフであるが、横浜市は宅造法違反で法人としてのT企画と社長を告発し、県警は、社長を業務上過失致死で書類送検した（二〇一八年不起訴決定）。さらに、遺族が、業者と横浜市に対し、損害賠償の民事訴訟を起こした。

実は、今回同様の無謀な斜面開発は、都市部では後を絶たない。その原因の一つは、行政の力の限界にある。例えば、横浜市では毎年一〇件ほどが宅造法に基づく是正勧告を受けているが、業者が指導に従うケースは少ない。行政の処理能力には限界があり、刑事や民事の責任に問われることはほとんど無いことを知っているからである。いわば、行政は舐められているわけで、行政権限の強化と違反の厳罰化が望まれる。事件後、横浜市は、行政代執行の形で斜面対策工事を行った。しかし、T企画は直ぐに破産手続きに入った。こうしたケースでしばしば見られる予定の行動である。したがって、代金（約二億五千万円）回収の目処は立っていない。

急がれる対策

建設発生土に関する法律

建設残土の不適切な処理は、何も最近始まったわけでない。高度経済成長期や一九六四年の東京オリンピック関連の工事においても、既に問題となっていた。ただ、その頃は、海岸の埋め立てや道路建設、ビル建設に必要な骨材資源として土砂の需要が旺盛だった時代である。捨てる場所には困らなかったので、むしろ、土砂を取る方に、環境破壊やダンプ公害などの問題があった。(177) 千葉県中西部では大量（総計六億m^3と言われる）の山砂利（鮮新—更新統の砂礫層）が採取され、アイソスタシー(178)によって地殻が隆起したほどである。(179) しかし一転、一九九〇年代以降の低成長時代になって、捨て場所に

(177) 佐久間充（2002）：山が消えた——残土・産廃戦争、岩波新書。
(178) 相対的に軽い地殻が、流動性があり比重が重いマントルの上に浮かんでおり、地殻の重さと浮力が釣り合っている（地殻均衡）。もし、地殻が軽くなると、浮力とバランスするために、地殻が上昇する。
(179) 多田　堯（1982）：山を削ると地殻は隆起する、地震第2輯35。

困る様になった。何しろ、東京湾を埋め立てても、土砂が余ってしまう時代である。その結果、千葉から東京に向かっていた土砂は、逆流して東京から千葉に向かうようになった。その象徴ともいえる存在が、一九九〇〜二〇〇一年に作られた市原市武士の平成新山（残土山）である。たまりかねた千葉県は、一九九七年に土砂（残土）条例[180]を制定、全国に先駆けて規制に乗り出した。以後、問題が起こるたびに各自治体が条例を制定するという状況が続き、現在では全国六七都道府県・政令市のほぼ半数が、条例を制定している。

一方、杜撰な残土処分が原因で、死者が出るケースもある。二〇〇九年に発生した東広島市志和町の（残土による）谷埋め盛土の崩壊は、その典型的な事例である。[181]しかも最近は、人的被害を伴う残土の崩壊が、都市でも発生するようになった。これまでは見られなかった事態である。それだけ、建設残土の捨て場所が狭まって、背に腹は代えられなくなっていると見るべきかも知れない。既に見てきたように、残土は、規制の緩い場所を求めて簡単に越境し、その先々で、災害を引き起こしている。今後、東京五輪前の建設ラッシュで、残土の発生量はさらに増えると予想される。未然に災害を防止するため、国全体に法規制の網をかけるべき段階であると言える。

排出者責任

建設残土は資源という扱いなので、法律上は、一旦、排出者の手を離れれば後はどうなろうと、排出側の責任は問われない。しかし、それは残土が再利用されるという前提があってのことである。現状の様に事実上のゴミとして各地に捨てられている以上、産廃と同様の扱いがされるべきである。すなわち、将来作られる規制法には、排出者が産廃で行われているようなマニフェスト制度を通じて、最後まで責任を持つという仕組みを導入した方が良い。厳しいと感じられるかもしれないが、実は、排出者まで遡って調べてみると、そうした方が排出者にとっても良いのではないかと思えるのである。

その一例が、二〇一八年に伏見小栗栖で土石流を発生させた、京都のN開発の場合である。住民がドラマさながらダンプカーを追跡し、土砂の搬出先を突き止めたところ、中京区の商業施設の工事現場から出た土砂であることがわかった。土地所有者、工事発注者は、某大手百貨店である。さらに、N開発が、二〇一三年に大津で許可取り消し処分を受けた頃、土砂を処分させていた工事会社と発注

(180) 千葉県土砂等の埋立て等による土壌の汚染及び災害の発生の防止に関する条例。

(181) 加納誠二ほか（2011）：二〇〇九年に東広島市志和町内地区で発生した土砂災害の調査について、地盤工学ジャーナル6。

者がわかっている。そのリストを見ると、工事会社としてはスーパーゼネコンが名を連ねると共に、工事発注者には、京都市内の病院、大学を始め、農と食の共生をコンセプトにした某企業の本店工事も含まれていた。こうした発注者たちは、自分の所から排出された土砂が、まさか土石流となって顧客を脅かし、また公害調停の原因となったなどとは、想像すらしていないかも知れない。しかし、結果としてそうなっている以上、残土の行き先によっては、企業イメージが傷つく可能性がある。そういう事にも気を配るべき時代なのである。

一方、残土が不法投棄される背景には、ゼネコンを頂点とする重層的な下請けシステムが存在する。すなわち、N開発の様な残土処理業者は、孫請け以下の階層であることが多く、発注者が元請けに支払った処理費用のどれくらいの割合が、実際に処理業者にわたっているのかははなはだ疑問である。そのため、最終の処理業者が、正当な報酬を得ているかどうかを含めて残土の流れを監視する仕組みを作る必要がある。そうすれば、排出者が責任を全うできると同時に、真っ当な残土処理業者が育成され、この仕事がクリーンな産業として成り立つきっかけが作れるのではないだろうか。

Column 7

緑の力

中古住宅の市場が未発達で、新築住宅の供給量が圧倒的という現在の状況は、不動産業や金融機関側にとって上手くできた仕組みであり、日本人がこれから逃れることは難しい。しかしそうした状況でも、少数ながら独自の道を歩んだ人々もいる。彼ら彼女らは、「世間」[182]とは異なる、自身の価値判断を優先するという行動様式から見て、戦後社会におけるアウトサイダーの系譜に連なる人々である。[183]そうした人々の動機や行動は様々であるが、その物語に共通するのは、終章で取り上げた「建築（デザイン）の力」に加えて、「緑の力」である。

例えば、高知市の沢田マンションは、地上五階地下一階のＲＣ造の集合住宅で、素人[184]のオーナー[185]による驚きのセルフビルド建築として有名である。その意図せざる前衛的作業と住宅でありながら祝祭性を感じる点が、多くの人々に支持された。[186]しかし、沢田マンションを内部から見ると、各階回廊沿いのやや過剰な花壇、屋上の田んぼなど、建物と一体となった豊かな緑が、独特な快適性を作り出していることに気づく。第3章「公団の青春」で触れた、津端修一・英子夫妻の生活も、庭の樹木と畑を中心に営まれていた。農村ではあたりまえであるが、それを無機的なニュータウンで、都市住民として実行した点に多くの人が感動した。緑の再生物語は、いつの時代でも人を惹きつけて止まない力がある。

宅地開発の舞台となってきた里山の再生にも、同様の物語が求められている。二〇一九年三月、所沢市は同市三ヶ島二丁目の土地を買収した。この土地では大規模な墓地が計画されていたが、蛍の群生する湿

図●所沢市三ヶ島二丁目葛籠入（つづらいり）湿地と水源の森。建設残土の処分地となり、生態系は一度破壊されたが、その後復活した。開発と環境の共生を考える上で貴重な事例である。

地が失われるとして、開発に反対する声が上がっていた。反対運動の中心にいたのは、公益財団法人・トトロのふるさと基金である。この団体は、わが国では、最も成功したナショナルトラスト運動と言われ、里山の保全を目的に狭山丘陵で四〇箇所以上の土地を買収し、トトロの森として森林環境の復元を行っている。通常、宅地や墓地など大きな利益を生む里山開発が阻止されることは珍しい。今回の件では、組織力、資金力のある団体の後押しが、自治体を勇気づけたことは想像に難くない。しかし、注目されるのは、この墓地予定地が、古い建設残土の斜面であった点である。つまり、ここでは、一度、残土の投棄によって環境が徹底的に破壊された。しかし、周辺が東京都の水源地として保護されたこともあり、投棄後数十年経って、立派な二次林が湿地の水源として育っていたのである（図）。

国土のあちこちに投棄された膨大な建設残土は、環境汚染や防災上のリスクであり、大きな社会問題となっている。住民は、捨てっぱなしの残土斜面と、将来にわたってどう付き合っていくかという、重い課題に直面しているのである。その点、今回の所沢のケースは、重要なモデルになるだろう。所沢市とトトロのふるさと基金は、共同して本格的な里山の再生と保全に取り組もうとしている。「緑の力」は、残土斜面にも新たな物語を提供してくれるに違いない。

(182) 阿部勤也（1995）：世間とは何か、講談社新書。
(183) 浅田彰（1986）：逃走論―スキゾ・キッズの冒険、ちくま文庫。
(184) 専門教育を受けておらず、必要な資格を持っていないという意味。
(185) 沢田嘉納・裕江夫妻とその家族。
(186) 古庄弘枝（2009）：沢田マンション物語、講談社＋α文庫。

終章……宅地の未来

二〇一六年熊本地震では、約五〇〇〇戸の住宅が被害を受けた。この地震は、都市内部の宅地が直面している危機的状況を露わにした地震でもあった。事態を重く見た国土交通省は、実態調査に着手した。その結果は衝撃的で、首都圏四都県（東京、千葉、神奈川、埼玉）で熊本地震級の内陸直下型地震が発生した場合、「崩落などの宅地被害が累計で約三六万件に上る」との試算が公表されている。その被害額は一兆円を上回る見通しである。

実際、このことを実感させるイベントが、二〇〇四年に東京の西品川一丁目で発生した。四月二日、小規模な斜面崩壊が発生し、宅地に被害が及んだ。直接の原因は建設工事の僅かな震動であったので特殊な問題として処理されたが、都心には限界状態（バランス状態）の擁壁が存在し、盛土をかろうじて支えている事実を露わにした事件であった（図46）。この地域は、目黒川河岸の斜面に当たる。

図46●2004 年 4 月、東京の西品川１丁目で発生した崖崩れ。
A：左の重機で崖から離れたところを掘削していたところ、突然、崖が崩れた。この崖（目黒川右岸の崖）は、重力式擁壁と大谷石の二段擁壁で支えられていた。こうした二段擁壁は、南関東の古い市街地にしばしば見られる。
B：崩壊した擁壁に続く斜面。既に傾いていて、住宅にもたれかかっている。

崖際の盛土斜面の上に住宅が密集する典型的な「崖っぷち」であった。周辺には同様に老朽化した擁壁と限界斜面が数多く存在し、やや強い震動があれば宅地崩壊が、数多く発生する可能性があった。この一帯は、その後再開発され、高層マンションが建っている。東京南西部に限らず、大都市の内部には、かつての西品川一丁目と同じような危険な古い「崖っぷち」が多数残されている。次の地震ではこうした場所でも災害が発生するだろう。首都直下地震は、今後三〇年以内に七〇%の確率で発生すると予測されている。被害を最小化するため、擁壁の耐震補強も急務である。昭和と平成の都市計画は、こうした多くの問題を次世代に積み残した。次の令和の時代に期待される宅地防災とは、どういうものだろうか。

歴史に学ぶ

切迫する地震

首都圏には、膨大な数の宅地盛土が存在する。現状のまま対策が取られないでいると、残念ながら

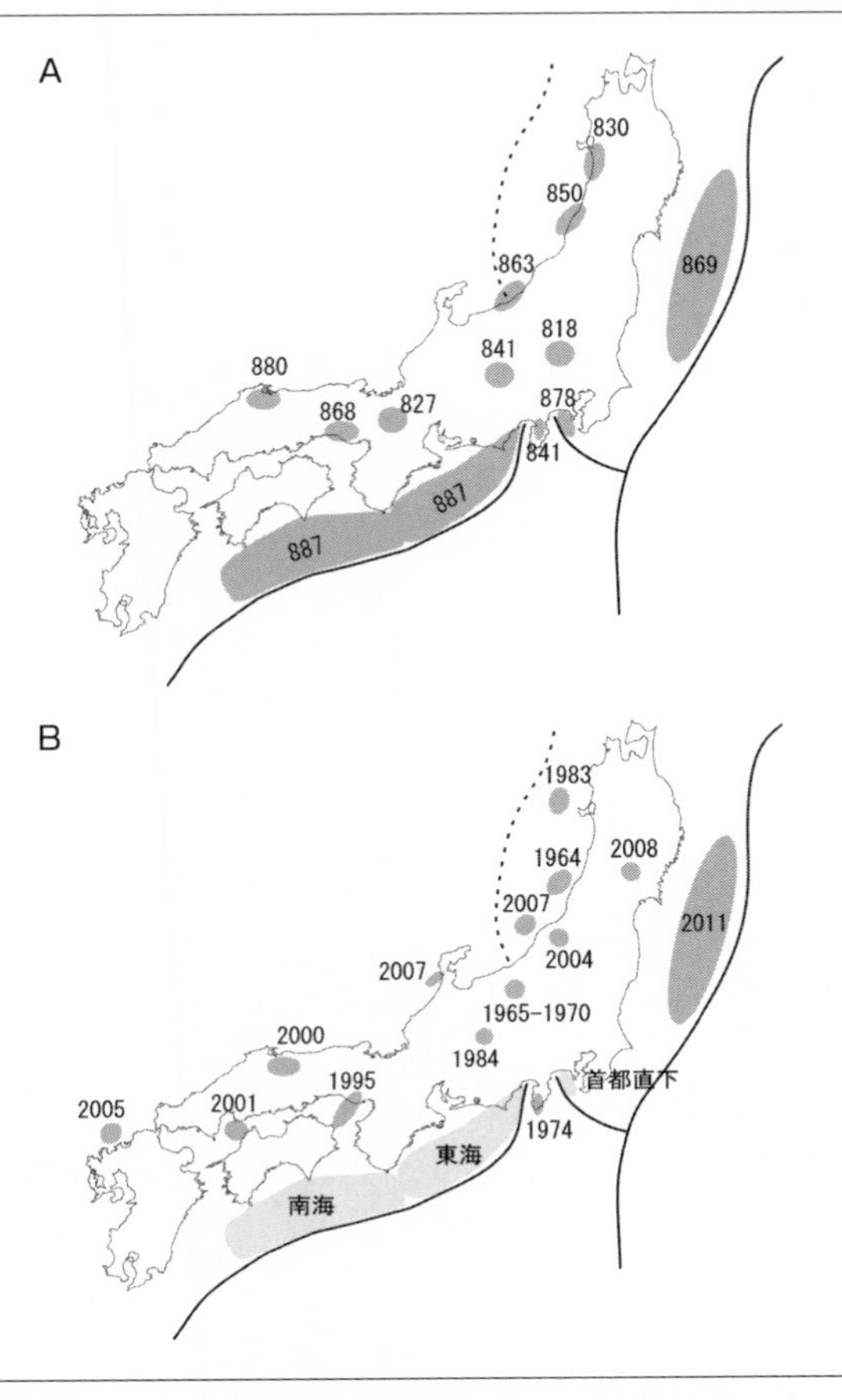

図47●9世紀とそっくりな現代の地震発生パターン（本州付近のみ）。
A：9世紀に起きた地震（寒川旭：地震の日本史）。中部地方の内陸地震から始まり、東北地方太平洋沖、関東直下、東南海地震が発生して1サイクルが終わった。
B：現代の地震。発生した順番は、これまでほぼ9世紀と同様に推移している（寒川旭：歴史から探る21世紀の巨大地震）。9世紀と同じことが繰り返されるとすれば、2020年代に首都圏で直下地震が起きるかもしれない。

次の地震では、かなり多くの地点で被害が発生することになるだろう。しかも、それらを引き起こすと予想される首都直下地震は、かなり切迫している可能性が、歴史記録から推測されるのである。その根拠とされるのは、二〇世紀後半からの日本列島における地震の状況が、大地震が頻発した九世紀と類似しているという点である。[187][188]

実際、九世紀は、大地震が多発した時代だった。八三〇年には秋田で天長地震、八五〇年には出羽地震が起きて、いずれも日本海側に被害をもたらした。この頃、八四一年には長野県でマグニチュード六・五以上と言われる信濃地震が発生した。その後、八六八年に播磨国で、八八〇年に出雲で直下地震が発生し、そして八六九年には貞観地震が起きて三陸から仙台平野に甚大な津波被害をもたらした。そして、貞観地震の約一〇年後の八七八年には相模・武蔵地震が発生して南関東に大被害が発生した。そして、八八七年の東海・南海巨大地震の発生によって、地震活動の一つのサイクルが終わり、静穏期に入ったのである（図47）。

地震の性質から見て、二〇一一年の東北地方太平洋沖地震は、八六九年貞観地震の再現と考えることができる。そうだとすると、貞観地震以前の一連の地震も現代の地震と奇妙な一致を見せている。

（187） 寒川 旭（2011）：地震の日本史 増補版、中公新書。
（188） 寒川 旭（2013）：歴史から探る21世紀の巨大地震、朝日新書。

すなわち、一九八三年日本海中部地震＝八三〇年天長地震＋八五〇年出羽地震、一九八四年長野県西部地震＝八四一年信濃地震、一九九五年兵庫県南部地震＝八六八年播磨国地震、二〇〇〇年鳥取県西部地震＝八八〇年出雲地震というわけである。つまり、九世紀に経験した地震の順番は、今のところ、守られているように見えてしまう。それならば、首都直下地震（八七八年相模・武蔵地震の再来）と東海・東南海・南海地震（八八七年東海・南海地震の再来）の発生は、近い将来に避けられないというわけである。一九四六年の昭和南海地震以降、一九九五年の兵庫県南部地震に至るまで、戦後日本の都市域では比較的地震が少なく、あまり震災を意識することが無かった。しかし、現在は、そうした自然のボーナスを使い果たした状態である。それゆえ、次の大震災へ備える意識がますます重要であると言える。

天井川

宅地盛土の問題と同様、わが国の長い歴史の中では、これまでも開発と災害の問題が表面化したことがある。典型的な例は、天井川であろう。天井川は、平野部で住宅地や耕地面積を確保するため、流路を固定化した結果、河床が上昇、洪水を防ぐために段階的に堤防を高くせざるを得なかった人工河川である。中世における惣村の団結と人々の開発意欲の記念碑であるが、激しい洪水のリスクを自ら招いたという点で、現代の宅地盛土に似ている。例えば、一九四八年の南山城水害では、木津川中・上流の山地では、多くの崩壊・土石流が発生した。これらの土砂は多くが天井川化していた木津川支流に流れ込み、これらを決壊させた。激しい水害を引き起こされ、[189]公式記録によれば、この災害による死者・行方不明者は三三六名、重傷者は一三三六名、被災家屋は五六七六戸に上った。こうした戦中戦後に多発した顕著な土砂災害（洪水）は、戦時中に山の木を伐りすぎたことが原因の一つである。その点、現在では、山の森林は回復し、はげ山で見られた様な激しい斜面災害が起きることは無くなった。しかし、一方では気象条件の変化によって激しい豪雨が増加しており、災害のリスクは増えている。二〇一八年七月の豪雨による岡山県真備町で起きた、天井川の決壊による大洪水はその一例である。

レジリエンスだから生き延びてきた

二〇〇〇年代の初め頃から、リ（レ）ジリエンス（resilience）という言葉が流行っている。[190]「可撓性」

(189) 上田正昭編（1987）：山城町史（本文編）。
(190) 京大・NTTリジリエンス共同研究グループ（2009）：しなやかな社会の創造、日経BPコンサルティング。

という意味で、「災害をしなやかに受け流し、復元力が高い」という意味である。所詮、流行語であるが恐らく、二一世紀の前半ぐらいまでは流通するだろう。しかし、わが国の過去を振り返ってみると、そうした言葉ができる以前から、日本人はしなやかに災害列島を生き抜いてきた民族であることがわかる。例えば、日本の山地には、地すべりによって傷ついた斜面が多い。そうした場所では、再び地すべりが起きる可能性が高いが、山地の集落は、むしろそうした地すべりで動いた土地に選択的に立地しているのである。この状況は、防災だけを考えると、矛盾した行動に思えるかもしれない。しかし、それこそが、日本人の高い災害レジリエンス能力を示すものである。

地すべりが再活動すると、水田や宅地が変形する。その状況は、現代では災害である。しかし、明治以前は必ずしもマイナスだけでは無かった。地すべりが起きる様な土地は、土壌が混ぜ返されて良く肥えているため、農業生産性が高い場合が多いからである。また、地下水脈が地すべりで切られるため、山の高い所に水が湧いていることが多い。そのため、生活用水や農業用水にも困らない。そもそも、水田や宅地に適した傾斜の緩い土地は、山地では地すべり地にほぼ限定されるのである。したがって、数十年に一度やってくる地すべりの活動期を耐え忍べば、地すべりの斜面は日本人が生活を営む場として、割合に適した土地だった。さらに、地すべりで家屋が変形しても、伝統的な建物は柔構造なので、少しぐらいの傾斜は簡単に補正できたのである。

更に、復興の仕組みにも柔軟なプロセスが組み込まれていた。地すべりが発生すると斜面の上部では土地が拡がり、下部では縮む。これが続くと不公平感が増大するため住民の間で争いが起き、復興の妨げになる。そこで、災害後に土地（農地）境界を調整する制度（割地・割替制度）が、地すべりの村にも存在した。[191] この割地・割替制度そのものは、水田の日照や利水の便の平等化を理由として、地すべり地以外でも見られた制度である。土地私有性を自明とする現代社会では考えにくいが、そうした所有権を絶対視する考え方は明治以降に一般化したに過ぎない。土地はガチガチの私有財産では無く、住民は基本的には使用権を持っているに過ぎないとする考え方こそが、わが国の伝統だった。この制度は、こうした土地制度のもとで、住民の自治と構成員間の平等を是として運営維持されていたのである。現代では、災害復興すら、土地私有性の壁に阻まれることがある。歴史的に考えると、西洋近代の模倣をきっかけとした土地私有の欲望が、現代になって社会のレジリエンスさを失わせた元凶の様に思えるのである。resilience の動詞形である resile の語源は、「後に跳ぶ」という意味である。「レジリエンス」の流行は、前のめりだった西洋近代の側からの反省の弁なのかも知れない。

(191) 中村慶三郎（1955）：崩災と国土——地辷・山崩の研究、古今書院。

国民の義務と教養

平成の時代には、大災害が相次いだ。[192] そのため、「防災」をコンセプトにした組織や団体が多く作られる様になった。大学に限定しても、文部科学省が進めた「改革」（リストラ）の一環で、防災に関する「学部」や「センター」が急に増えた感じがする。ただ、防災に関する組織の数は増えたが、実際に活動する研究者の数は前とあまり変わらない。そのため、大きな災害があると、様々な組織がいっせいに開催する報告会やシンポジウムに、ほぼ同じ顔ぶれで出演することになる。組織はそれで存在を主張できたわけであるが、個人としては仕事が増えただけである。

実は、こうした状況を受けて、二〇一六年に学術会議のスピンオフとして、防災に関係する諸学会を集めた防災学術連携体というものができた。運営は、組織力のある建築学会と土木学会を中心としている。二〇一六年の熊本地震以降、深刻な被害を出した災害に関しては、公式のコメントを出しているが、二〇一八年七月の豪雨災害（西日本豪雨災害）に関する声明では、「全ての国民には、災害の危険性を知る義務と、自分と家族を守る責任がある」と述べている。[193] この組織は学会の連合体なので、アカデミックな視点からわりあいストレートに言っているのかも知れない。しかし、従来はアカデミズムの側であっても、こうした呼びかけをすることは極めてまれであった。深刻な災害が続いて、オブラートに包んだ言い方が出来なくなったということだろう。

ところで、筆者の様な昭和世代にとって、「国民」という言葉で思い出されるものの一つに、「国民の煙草、新生」の歌がある。この歌の元歌は日本共産党の赤旗の歌である。共産党と言えば、その元祖のマルクスは、「下部構造は、上部構造を規定する」[194]と言った。これを住宅に当てはめれば、「宅地が上物の在り方に影響する」というわけで、もっともな見方である。つまり、正しい住宅を作るには、下部構造である宅地が正しくなければならない。それでは、宅地が正しく作られているかどうか、それを見極めるにはどうすれば良いだろうか。方法論的に言うと、人工的な都市環境の下に隠れているものを見るには、何か特別なツールが必要である。それが、地面の下を主な対象とする科学、すなわち「地学」であり、それはわれわれ専門家の間では共通のベースになっている。

そもそも地学は、（何かを作ることでは無くて）「自分の現在位置を確認すること」[195]を目的とする科学である。二〇世紀になってテクノロジーと結びついた他の科学（物理、化学、生物）とは少し毛色が変わっているため、大学で地学を学んでも研究者以外の就職先は少ない。要するに食えない学問であ

(192) 京都大学防災研究所（2019）：平成大災害史、DPRI NEWSLETTER 91。
(193) 防災学術連携体幹事会（2018）：西日本豪雨・市民への緊急メッセージ。
(194) いしいひさいち（2002）：現代思想の遭難者たち、講談社。カール・マルクス（1859）：経済学批判（序言）。
(195) 木村龍治（2003）：地学教育に対する私見、二〇〇三年地球惑星科学合同大会特別セッション。

る。そのうえ、大学の理工系学部の入学試験では、高校地学を選べない事も多い。そのためか、高校地学（専門科目）の履修率は、約一％台と生徒が履修する割合が極端に低い科目となっている。しかし、極端なことを言えば、高校程度の地学も学ばなかった人が、前述の「災害の危険性を知る義務と、自分と家族を守る責任」を全うできる可能性は低いと言うべきだろう。とりあえず、ここでは例の歌に因んで、「国民の教養、地学。学ぶと危険がわかる」と歌いたい。そして、提案であるが、高校地学を理科の枠から外し、技術家庭、音楽、美術、体育と同様、良き国民を作るための基礎科目として必修化するのはどうだろう。それこそが、長い目で見た国土強靭化であると思う。

楽しい住まい

その後のレヴィットタウン

米国東海岸の「レヴィットタウン」は、戦後の代表的なニュータウンである。そこでの暮らしぶりを示す資料を探していたら、ニューヨーク州ロングアイランドで撮られた「Mademoiselle 1962」という写真を見つけた。デパートのショーウインドーから抜け出た様なお洒落なマドモワゼル（Mademoiselle）が、埃っぽい未舗装の道に置かれた牛乳ケースの上に立ち、建築資材の板を指先で支えている。背景は、建設中のニュータウンである。当時はユニークな芸術作品だったわけであるが、今思うと、この写真は、この後レヴィットタウンが辿った歴史を暗示していたように思える（図48）。

建設当初のレヴィットタウンは、ほぼ規格品の没個性的な住宅が建ち並ぶ、お世辞にもお洒落とは言えない町だった。しかし、半世紀以上が経って、今では緑豊かな美しい住宅街に成熟している。そうなったのは、住民が増改築を繰り返し、メンテナンスを徹底したからである。他人と同じことを嫌う米国人気質の故であるが、それと同時に住宅を改良したことの価値を認め、その努力を住宅価格の上昇として評価するシステムと、それを助ける二次産業（設備や資材の供給、補修業）の発達が、街の高品質化をもたらした。さらに、評価される（価格を上げる）付加価値の中には、建物だけでなく、緑の豊かさや街並みも入るので、住民は外構についても関心を持ち、お互いに努力したのである。つまり、現在の状況は、たまたまお洒落になったのではなく、写真の様なマドモワゼルが似合う高級な町にしようと、皆が努力した結果であり、そうなるように仕向けた社会システムの成果と言える。

図48●アメリカにおけるニュータウンの夢と成熟

A：1962 年、建設中のレヴィットタウン（ニューヨーク州ロングアイランド）で撮影された写真（Mademoiselle 1962）。殺風景な風景の中に忽然と現れたお洒落な若い女性は、豊かさと余裕のアメリカ的生活を体現する、ニュータウンの女神である。（提供：Getty）

B：現在のレヴィットタウン（ニューヨーク州ロングアイランド）の空中写真（提供：Google earth）。殺風景だったニュータウンが、現在では緑豊かな街に成熟している。

不自由な人々

わが国にも田園調布や六麓荘の様に町の品位を守るため、住民相互の協定を持つ地域は存在する。しかし、それらは例外的であって、多くの戦後ニュータウンでは、当時のままの住宅の中で住民の高齢化だけが進んでいる。本来、人間はライフステージに合わせて住む場所と住宅を選択しようとするはずである。そうした人生設計は、賃貸であれば容易であるが、持ち家の場合は、家を売ることになる。しかし、わが国の場合、建物の価値は二五年経てばほぼゼロとされるので、普通の人々は土地だけを売却（資産交換）して他所へ移ることになる。建物の価値を単純に年数だけで決めるのは、世界的にも例のない、実に乱暴な方式である。しかし、バブル崩壊以前のわが国では、建物の価値を評価しなくても、土地価格の上昇がそれを補って余りあったので、そうしたことがまかり通っていた[196]。

しかし、バブル崩壊後、高度経済成長期やバブル期には可能だったことが、現在ではできなくなっている。地価が下落したため、土地を売って他所へ移りたくても次の家を買えない状態だからである。

(196) こうした土地本位制と呼ばれる仕組みは、わが国ではほぼ全ての不動産取引において、金融システムと結びつく形で存在している。

結果的に、この昭和の遺物とも言える仕組みは、移動が不自由な人々を大量に作り出した。それは、日本全体で社会の柔軟性を失わせ、経済の活力を削ぐことになる。さらに、防災上の必要があっても住民を動かすことができず、合理的な災害対策の遅れに繋がっている。令和の時代には、もう少し柔軟な国民と不動産を繋ぐ関係が必要である。

「あんしん宅地」の理想と挫折

一生に一度の買い物として手に入れたはずの住宅が、いつのまにか無価値になっているという納得しがたい慣習は、住宅を売る側（不動産、金融）が自分たちの事情[197]を優先し、新築に偏ったマーケットを作り上げた結果である。このことは、新自由主義者が期待する様な「神の見えざる手」が、わが国では、機能しないことを実証している。実際、わが国では中古住宅の流通割合はわずか一五％程度に過ぎず、米国の約九〇％、英国の約七〇％、フランスの約六〇％に比べて圧倒的に少ない[198]。その理由として、「欧米は石造文化だから、木造を主とするわが国とは異なって当然」などと言われることがある。しかし、米国の住宅の多くは木造である。

こうした住宅供給の矛盾が放置された結果、日本人の多くは、世界でも珍しいほど短命で、高額な割に資産価値が低い住宅に住んでいる。そして、売れるからという理由で、危険な土石流の出口にニュータウンができ、谷を埋めて不安定な宅地が作られてきた。したがって、防災・減災のためには、これまでの住宅供給の仕組みを根本から変える必要がある。それは一言でいえば、中古住宅の資産価値を土地の災害リスクも含めて評価し、流通させる仕組みを作ることである。

そうしたリスク情報付中古住宅のマーケットでは、新築住宅以上に情報が重要となる。その情報には、建物の傷み具合、補修履歴、基礎の状態、地盤の安全性、災害リスク、地域（コミュニティ、学校のレベル、買い物、病院、公共交通）に関する情報が含まれる。これらを総合的に判断して、買うかどうかを決めることにすれば、結果的に安全でお洒落な町が出来上がるに違いない。そうした理想に向かう具体的なツールとして、数名の有志と語らって「あんしん宅地」という会社を立ち上げたことがある。[199] しかし、この試みは成果を挙げられなかった。われわれは、わが国不動産業の反リスク情報主義の壁を超えられなかったのである。確かに最終消費者（家を買いたい人）からすれば、リスク情

(197) 新しい製品の販売は簡単で、高収益が見込める。ローン査定も同様。金融側は、宅地のリスクを見る眼がなくとも融資を実行できる。
(198) 総務省：住宅・土地統計調査（平成二五年）、国土交通省：住宅着工統計（平成二五年）、Statistical Abstract of U.S. (2007)、コミュニティ・地方政府省 Website（英国）、運輸・設備・観光・海洋省 Website（フランス）
(199) あんしん宅地 http://www.muraochiken.co.jp/?tid = 100016。リスク情報を整備する費用は土地所有者から仲介業者に支払われる手数料で賄われるため、消費者は負担ゼロでリスク情報付不動産情報を入手できる仕組みであった。

報付不動産情報は、購入するかどうかを決定するために有用なはずである。しかし、不動産業者としては、リスク情報は最も知りたくない種類の情報の一つである。知ればリスクを伝えたり対処したりする責任が生じるからである。知らなければ、何の責任も生じないし、売りやすいままである。つまり、不動産業者にとって、「知らないことが最良のリスクヘッジになる」という深刻な現実がある。当然、「あんしん宅地」には売るべき（仲介）物件が集まらず、事業としては失敗に終わったのであった。

田園都市を取り戻す

最近、自宅近くの住宅が売却された。その家の庭には、長年地域住民を楽しませてくれた立派な桜の木があった。その庭は、建物の取り壊しと同時に更地化され、敷地には境界ギリギリに、立派だが退屈な建物が建っている。少し郊外に眼を転ずると、既存の住宅団地に空家が目立つにもかかわらず、すぐ近くに新たなニュータウンが建設されようとしている。丘陵の森林を切り開くのであるから、環境の悪化は必至である。地域の住民から反対の声が上がるが、デベロッパーや自治体は取り合わない。郊外に残った貴重な緑地（里山）が、また減ってしまうのかも知れない。既視感のある光景である。

もちろん、この二つのエピソードの空間的な広がりや社会的意味は全く異なる。しかし、背景となっているのは、わが国の都市計画が直面する、理想とは程遠い現実である。例えば、都市計画の世界では、ハワードの「田園都市」を具体化したレッチワースなど、英国のニュータウンは模範解答の一つである。[200]わが国でも二〇世紀の初めから盛んに研究された。[201]しかし、模範としたのは名称だけで、その思想に至っては換骨奪胎ぶりが激しかった。結局、わが国で田園都市という名称を冠したニュータウンのほとんどは、ただのベッドタウンに過ぎない。[202]第3章で述べた様に、こうしたニュータウンは、わが国独特の「土地本位制」と言うべき経済システムが作り出した風景である。土地本位制のもとでは、宅地は「物件」であり、土地にまつわる記憶は速やかに漂白される必要がある。すなわち、一旦、この仕組みに組み込まれると、中古住宅（人の記憶）や里山の自然（環境の記憶）は邪魔な存在になってしまう。そのため、われわれの身の回りに本節冒頭の様なことが起きるのである。問題は、こうした供給者優先、産業優先の仕組みの中に、土砂災害を生む回路が埋め込まれている事である。つまり、この仕組みで経済が回っている限り、宅地の被害も再生産される。本書の第3章〜第8章で

(200) M. Miller (1989) : Letchworth : the First Garden City, Phillimore & Co. Ltd.
(201) 内閣地方局有志（1907）：田園都市、博文館。Garden city を直訳すれば「庭園都市」であるが、わが国では「田園都市」と翻訳された。
(202) ハワードの田園都市とは異なり、わが国の場合は分譲を目的とした宅地開発である。多摩田園都市は、その代表的な例。

は、このことを具体的に検証した。

戦後の都市計画のもとでは、安全で快適な住まいを理想としながらも、その理想と相反する企業の論理を乗り越えることが難しかった。都市人口の急激な増加に対応するために、とにかく量の供給を優先した側面もある。しかし近年、わが国の人口は減少に転じ、相続を考えれば、都会では子供たちは家に困らない状況が出現した。ニュータウンに目立つ様になった空家空き地は、丘陵を切り崩して宅地を増産する時代が過ぎ去ったことを示している。首都圏などで進行中の新たな開発計画は、長期的に見れば失敗し、宅地の多くは廃墟となり、やがて雑草や二次林に覆われるであろう。それは確かに田園化の一種と呼べなくも無いが、管理されていない緑地の増加は、ニュータウンの過疎化をますます促進するので地域の防災力にとっては有害である。これも土地本位制の負の側面と言える。しかし、ポジティブに考えれば、ようやく落ち着いて都市を考えることのできる時代になったとも言える。昭和の時代に夢見た田園都市（ガーデン・シティ）を取り戻し、わが国のニュータウンが本質的に孕む災害リスクを緩和できるかどうか、専門家や行政の力量が問われている。

建築の力

専門家の取説

数年前、「斜面住宅」に関する文章を書いた。[203] 斜面に建つ住宅は、その悪条件ゆえに建築家が真剣に考えており、その結果、デザイン的にも防災上も優れたものが多いという内容である。あれから、いくつかの災害を経験して、ますますその感が強くなり、改めて建築家とその実働を担っている工務店に期待するところが大きい。それは、彼らほど真剣に家づくりを考えている職能集団を他に知らないからである。一般の人にとって、家づくりは一生のうちに何度も経験できることでは無い。その点、多くの住宅を手掛けてきたプロの助言は、家づくりの素人には大いに助けになるだろう。その際重要なことは、自分の側に立つ専門家を雇う事である。どんな取引でもそうであるが、そもそも、売りた

(203) 土木学会（2005）：斜面と建築の関係とは（釜井俊孝）、知っておきたい斜面のはなしＱ＆Ａ。釜井俊孝（2019）：宅地崩壊――なぜ都市で土砂災害が起こるのか、ＮＨＫ出版新書。

い側の人に過度に誠実さを期待してはいけない。売り手と買い手の間に情報格差があり、大金が動く不動産取引の場合はなおさらである。真剣に住まいづくりをしようとすれば、これは当然心得ておくべき点であると思う。

挫折した建築家たち

三・一一（東日本大震災）後、この震災とどう向き合うか、様々な分野で活発な議論が行われた。未曽有の国難を乗り切るため、日本は変わる必要があると、多くの人が思ったからに他ならない。しかし実際には、津波災害や原発災害に関与した土木、都市計画、原子力分野をはじめ、公表された議論や声明の多くは、専門家による業界の自己弁護と更なる利益追求が多かったように思う。その点、建築家をはじめ多くの建築実務者たちは、震災直後から被災地に乗り込み、懸命に復興を支援した。彼ら・彼女らは、アーキエイド[204]というグループに結集し、被災者の声に耳を傾け、ほぼ手弁当（ボランティアで）で提案を練ったのである。しかし、残念なことに、アーキエイドが提案した計画の多くは、行政や法制度などの壁に阻まれて実現しなかった。個別に見ると、その理由は様々であったが、ようするに建築家に対する行政の信頼が薄かったことが根本的な原因という総括がされている。[205]この時、逆に行政が誰を信頼していたのかというと、地区ごとに担当割された、建設コンサルとゼネコンであった。この傾向は、高台移転先の基本プランに良く表れている。建築家（アーキエイド）が地域の特徴を分析したうえで良質な提案をしても、行政は建設コンサル＋ゼネコンの均一でパターン化された開発計画の方を採用していったのである。しかし、その結果、高台移転では多量の谷埋め盛土が作られることになり、リスクが再生産されるという皮肉な結果に繋がった。つまり、地元自治体の選択は、将来に禍根を残したことになる。

建築家はアーキエイドという形をとっていても、本質的に一匹狼である。行政は、組織力という点で、中央が派遣した土木主体の建設コンサルタントを信頼したのかも知れない。個人的にはこの点に、東北という土地の風土が表れていると思う。しかし、結果として建設コンサルタントの案は、簡単に利益を確保できるという点で、住宅会社（ハウスメーカー）側にとっても都合の良いものであった。東北の震災では、復興の過程で改革を目指した運動が数多く生まれた。しかし、そのほとんどが強固な「世間」の壁を越えられず挫折した。建築の場合もその一つであったと言える。

（204）東日本大震災をきっかけに設立された、建築家のネットワーク「一般社団法人・東日本大震災における建築家による復興支援ネットワーク」の略称。主に宮城県牡鹿半島を中心に活動した。二〇一六年に解散。

（205）内藤廣（2016）：建築界は信頼されなかった、日経アーキテクチャ二〇一六年三月一〇日号。

建築からはじめる

そもそも、高台移転（防災集団移転促進事業）については様々な意見があり、賛否が分かれている。ただ、土木的に言えば、切り盛りで土を動かす工事は、単純で実入りが良い商売である。こうした復興特需によって、地元企業も個人も数年間潤ったことは事実であろう。ただ、それが将来に繋がったのかという点は、大いに疑問である。また、ゼネコンの実行予算の仕組み[206]から考えて、高台造成費用のかなりの部分は東京・大阪に還流したはずである。震災後の株価の大幅な上昇が、それを裏付けている。こうして、住民目線の復興という夢は消え去り、漁村が山の中のニュータウンに移転するという、逆の意味で「特色ある」街づくりが実現してしまった。

それでは、山がちなわが国で、安全で魅力的な都市を作るにはどうすれば良いのであろうか。安全という点に関しては、既に答えが出ている。盛土、特に谷埋め盛土を極力作らなければ良い。住宅の基礎を丘陵や台地の地山から立ち上げれば良いのである。そうした都市は必然的に等高線を縫うように斜面の上に作られるので、各戸ごとにデザイン力が求められる。確かに面倒ではあるが、うまく「デザインと防災の両立」させることができれば、魅力的な斜面防災都市が出来上がるに違いない（図49）。

建築家は、与えられた条件下で必死に質の向上を目指そうとする。そのため、良い建築は本来、時

A

B

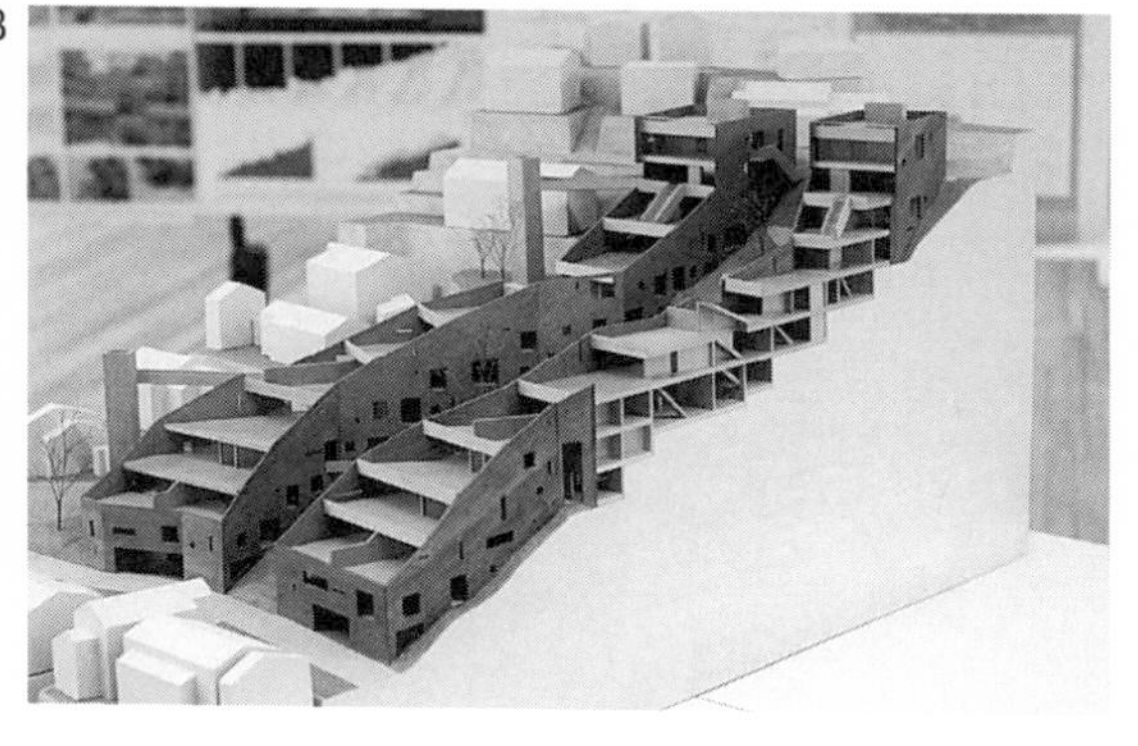

図49●斜面防災都市を作る建築の力

A：小規模な「等高線都市」（宮本佳明）。切り盛りを最小化した牡鹿半島の漁村復興プラン（アーキエイド、前網浜）。これも「大人の事情」によって実現しなかった。

B：低地と台地を繋ぐ回廊としての住宅（長坂大）。長崎市の再開発プランとして考えられた。公共エレベーターと共同住宅によって、台地・丘陵地の高台（住宅地）と主に商業地区である下町間の通路を作る。これにより、高台に住む老人たちは歩いて買い物に行けるようになり、シャッター通りとなった中心地区の商店街も復活する。

間がかかるものである。その点、災害復興という質より量の供給を優先する場面は、そもそも建築が得意とする領域ではなかった。しかし、ゼネコンやハウスメーカー主体の復興が成功したかというと、あまり上手く行かなかったという評価が妥当である。真っ平らな高台にぽつぽつと没個性的な住宅が建っている姿は、復興の失敗を象徴する風景として、長く記憶されることになるだろう。東北の震災において、アーキエイドが、行政から疎外された事は、かえって彼らの立ち位置を明確にした。長い目で見れば、斜面防災都市を「建築からはじめる」には、かえって好都合だったのかもしれない。

Column 8

都市開発における成功の条件

「良い建築」というものは、評価する視点によって様々に変わりうる。しかし、防災・減災の視点から見た良い建築とは、「土地の記憶」[207]を受け継いだものであると思う。和風の伝統建築が良いと言っているわけではない。土地の記憶とは、地盤災害のリスクを含むその土地の特性と、その上で繰り広げられた歴史の集合体である。したがって、それを考えて作られた家は、災害にも強いはずだという理屈である。言葉を変えれば、住まいのロバスト性を高めるには、長い時間によって磨かれた土地の記憶を、設計に留めることが重要なのだと言える。そして、その土地の記憶は、場所ごとに様々だから、優れた建築は本来的に多様である。

図●代官山ヒルサイドテラスの風景。ヒルサイドテラスC棟とD棟間の「奥」にE棟がある。この土地の記憶として、あえて残した猿楽塚（古墳）と樹林を使い、E棟を「見え隠れする」様に配置し、えたいの知れない「奥」を表現している。

土地の記憶の重要性は、街づくり（都市計画）でも同様である。現代の都市では、資本の論理による記憶の漂白作用（リセット）が著しい。しかし、地表面は消費文明に覆われていても、記憶の地層は都市の各所に露頭している。ある建築家は、それを環境ノイズエレメント[208]と呼んだ。基本的にモダニズムの学問である建築学にとって、計画されざる都市要素という意味である。しかし、デザインの視点から見ると、環境ノイズエレメント（＝土地の記憶）という、ある種の冗長性を取り入れた計画の方が、結果的に楽しく美しい街ができる場合が多い。こうした都市における多様性・冗長性を重視する意見は、一九六〇年代中ば以降の都市計画の思潮ではしばしば見られる[209]。現代ではむしろ、「多様性」をどこかで謳った計画で無いと、コンペを通らなくなった。しかし、わが国で実現した、ニュータウンや再開発地域を見ると、清潔で快適ではあるが、猥雑さに欠ける均質で無機的な空間が広がっている。大人の事情による理想と現実の乖離は、どこの分野でも見られるが、都市計画の場合はそれが特に顕著である。しかし、そうした厳しい状況にあっても、少数ながらある程度理想を実現した都市づくりも存在する。

そのひとつの例が、東京の代官山ヒルサイドテラスと呼ばれる、低層の建物群（住居と店舗）である。建築家は、この場所の持つ固有の価値をしっかりと捉え、そこにあった古墳（環境ノイズ）をも取り込んで建物を配置するなど、空間だけでなく時間にも「奥」[210]を感じさせる独特の美しい街並みを作り上げた（図）。後から進出してきた周辺の建物群も、ここの建築計画を尊重（リスペクト）したため、ヒルサイドテラスを中心とする一角は、東京を代表する緑豊かな上品で洗練された街となった。ほぼ全敗の日本の都市計画の中で、珍しく成功した例と言われている[211]。

ここの開発は、スロー・デベロップメント（小型連鎖型開発）の典型と言われる。コンビを組んだオーナー（土地所有者兼中小デベロッパー）と建築家が、一九六九年から一九九八年の三〇年間にわたってコツコツと一棟、また一棟と建てていったのである。その間、資金調達や建築規制等の外的要因により、流行りのプラザ&タワー式の開発ができなかったことが、結果的に有利に働いた面もある。街の雰囲気を長期にわたって保つため、ヒルサイドテラスのスペースの大部分は、賃貸物件とされた。オーナーの朝倉家はもともと土地の旧家（地主）[212]であり、現在も一族でヒルサイドテラスに暮らしている。建築家（槇文彦氏）も自身の事務所をヒルサイドテラスに構えている。優れた建築家やデベロッパーが、建築の力を最大化するように仕事をした結果、自分自身も暮らしたい街ができあがったのである。ヒルサイドテラスには、都市開発のもっとも基本的で大事な所を見る気がする。

(206) 受注金額から、最初に本社経費、間接経費を天引きし、残りで現場を回す（利益を出す）予算管理の方式。工事の種類や会社によって異なるが、天引き率は四〇～六〇％と言われる。

(207) ゲニウス・ロキ（地霊）と表現されることもある。

(208) 宮本佳明（2007）：環境ノイズを読み、風景をつくる、彰国社。

(209) ジェイン・ジェイコブス（1961）／山形浩生訳（2010）：アメリカ大都市の死と生、鹿島出版会。

(210) 槇文彦ほか（1980）：前掲注20。

(211) 隈研吾・清野由美（2008）：新・都市論TOKYO、集英社新書。

(212) 国指定重要文化財：旧朝倉家住宅。

この様に、地形と地質に関する基本的な情報は、ネットで得られる時代になりました。しかし、これらは、いわば一次情報に近く、専門家でないと扱いが難しいかも知れません。そこで、より分かりやすいものとして、各自治体が、「液状化予測図」、「大規模造成地盛土マップ」、「土砂災害警戒区域・特別警戒区域分布図」、「洪水浸水範囲予測図（水害ハザードマップ）」、「災害情報マップ（ハザードマップ）」等を用意しています。ただし、これらの地図は、分かりやすさを重視した二次情報なので、利用する場合は一次情報である地形図や地質図にあたるなど、注意が必要です。

都市の災害のリスクを調べる場合、都市化する以前の本来の地形を知る必要があります。国土地理院には、明治以来の地形図（旧版地形図）が収蔵されており、閲覧し、コピーを取ることができます。また、旧版地形図と現代の地図をネット上で閲覧・対比する仕組み（サイトとソフトウェア）が公開されています。[219]戦前から大都市の一部では、1万分の1や数千分の1といった大縮尺の地形図も作られてきました。これらは、国土地理院の他に各自治体の図書館や都市部局に収蔵されています。国会図書館でも見ることができますが、一部は復刻出版[220][221]されています。

以上の様に現代では様々な情報が簡単に手に入ります。しかし、資料があっても生かさなければ意味がありません。地学リテラシーは、こうして点からも、災害列島に生きる日本人にとって、「生存のために必須の知識」であると言えます。

---

(219)　今昔マップ http://ktgis.net/kjmap/。

(220)　清水靖夫・解題（1983）：明治・大正・昭和　東京1万分の1地形図集成、柏書房　など。

(221)　井口悦男・編（2005）：帝都地形図　1922―47　1：3000、之潮。

基礎知識８◆命を守る地図

今では、調べる意志さえあれば、高精度な災害リスク情報を簡単に手に入れることができます。例えば、活断層に関しては、国土地理院のサイトで、「活断層図（都市圏活断層図）」[(213)]として公開されています。[(214)]ここのサイトで地図をクリックすると、自動的に「地理院地図」が開きます。この地図は、国土地理院が運営する地図のポータルサイトです。ここでは、複数時期の空中写真や衛星写真、土地の特徴を表す地図などを重ね合わせることができます。例えば、「土地条件図」や「水害地形分類図」は、主に地形分類（山地、台地・段丘、低地、水部、人工地形など）について示したものです。そもそも、1959 年（昭和 34 年）の伊勢湾台風の直前に作成された、「濃尾平野水害地形分類図」[(215)]が、実際の被害をほぼ正確に予測していたことからその有効性が証明され、シリーズ化が始まったものです。

一方、地質に関する一次情報は、産業技術総合研究所地質調査総合センターによる「地質図 Navi」[(216)]が最も信頼できる情報を提供しています。地質調査総合センターは、旧地質調査所の一部で、わが国の地質に関する唯一の総合的調査研究機関です。[(217)]また、地すべりの分布に関する情報は、防災科学技術研究所の「J-SHIS 地震ハザードステーション」[(218)]の中で見ることができます。

---

(213)　https://www.gsi.go.jp/bousaichiri/active_fault.html。

(214)　http://geolib.gsi.go.jp/node/2555。

(215)　大矢雅彦（1956）：木曽川流域濃尾平野水害地形分類図、総理府資源調査委員会事務局。

(216)　https://gbank.gsj.jp/geonavi/。

(217)　1882 年（明治 15 年）設立のわが国最古の国立研究所だった。2001 年に統合され、産業技術総合研究所の一部とされた。

(218)　http://www.j-shis.bosai.go.jp/map/。

おわりに

平成の失われた三〇年の間、大災害も相次いだが、それ以上にわが国は混乱し、漂流していた。企業においては、米国で流行りの「科学的」経営が幅を利かせ、トップダウン（中央統制）の意思決定、合理化、組織の冗長性（つまり無駄）の排除が最善とされる風潮が主流になった。その結果、社員が知識創造を行える自由闊達な環境が失われ、もともと日本企業が持っていた組織的に付加価値を創造する力が失われてしまった。これは、大学にも当てはまる。二〇〇三年（平成一五年）、国立大学法人法が成立し、ついに「構造改革」の波が国立大学にも及んだ。教育・研究の「生産性」を高めるという名目で米国流の大学経営手法が導入され、大学本部の官僚機構が肥大化する一方で教員の定員削減が行われ、運営が中央統制的になった。その成果は、わが国の国際的な科学競争力の低下という形で如実に表れている。

ここで、いささか個人的な見解を述べることをお許しいただきたい。近頃、米国を真似た大学評価の項目として、「国際化（グローバル化）」の比重が大きくなった。この傾向は、防災の世間にも及び、「防災・減災の国際化」が喧伝されている。しかし、筆者自身は、この動きにいささか懐疑的である。「国際化」を声高に叫ぶ人の多くが、妙に中央統制的という属人的な理由もあるが、防災には国境が無いという主張は、どこか胡散臭く、信じられないのである。＊＊イニシアチブや＊＊宣言など、会議室で作られた砂糖菓子の様な言葉には、確かに集金力はあるかも知れない。しかし、少なくとも、そうしたエールの交換だけで、目の前の災害、特に地盤災害が実際に減らせるとは、とうてい思えないのである。いささか現場を知る者として言えば、自然現象としての地すべりや崩壊の中には、国際的な共同研究や情報交換の対象となりうる場合がある。しかし、地盤災害の多くは、地域性の強い自然条件に加えて、社会的・歴史的な問題としての側面が強い。そして、筆者も含めて、現地語の理解もおぼつかないほとんどの防災研究者は、その壁を越えられないまま終わるのが常であった。したがって、われわれの「国際的防災研究」は、単なる情報交換か野次馬見物の域を出ていないのではというのが、自戒を込めた率直な感想である。今後は若い人に期待したい。

さて、本書のメインテーマの一つとした、谷埋め盛土の地すべりなどという不思議な宅地災害も、逆に海外から見れば、問題の所在すら掴みにくい現象である。そもそも、海外では谷を埋めて真っ平らな都市を作るという必然性があまりない。なので、この問題は優れて国内の社会問題である。[222]すなわち、あえて大胆な言い方をすれば、災害の多くは、その地域の人間の営みが招いた人災であるという命題に行きつく。そうであるならば、個々のケースでその真偽を判断するには、その土地の歴史を見ることが重要という事になる。それゆえ、本書では、近い過去に拘って、都市における宅地の問題を取り上げた。一部では現在進行形の問題も扱っているが、それは、あくまで過去から連続する現在の物語である。いわば、本書は、「地域史を見なければ災害を論じることはできない」という事を、改めて示そうとした試みと言える。

さて、本書にはもう一つ、隠れた意図があった。災害による犠牲者や住処を失い困窮した人々のことである。彼ら彼女らをどうやって鎮魂し、また慰めるかは、防災の研究に携わる者が常に意識するべき点であると思う。柳田国男は、三陸津波や戦争の犠牲者を鎮魂するうえで、御霊（みたま）が帰るべき家郷の重要性を説いた。『遠野物語』や『先祖の話』は、そのための具体的作品である。しかし、「皮相上滑りの開化[223]」と漱石に評された、明治以降のわが国では、資本の論理によって国土のあちこちが掘り崩され、戦後はやりすぎた感のある開発が後を絶たなかった。「上滑りに滑って行った」（漱石）結果、柳田国男が思い描いた家郷は、ほとんど失われてしまったのである。

しかし、歴史を振り返れば、日本列島に住む人々は、開発と防災のバランスに特に敏感な連中であった。バランス感覚を頼りに、巧みに大地震や豪雨災害から生き残ってきたとも言えよう。現代の日本人も、実はそうしたDNAを受け継いでいるはずである。これからの人口減少の時代、われわれがするべきは、先祖たちの様に開発と環境の折り合いをつけ、家郷を本来の姿に復活させることである

---

(222) ただし、一帯一路の起点である中国甘粛省蘭州市郊外に建設された蘭州新城（市）では、黄土高原にわが国よりも大規模な谷埋め盛土が構築されている。既に沈下による被害が出ている。

(223) 夏目漱石（1911）：現代日本の開化。

と思う。災害や戦争によって無念の死を遂げた人々も、その家の先祖となって、近くの丘や森の少し小高い所から家郷の行く末を見守っている。これが、文明開化、占領、高度経済成長によっても変わらなかった日本人の死生観である。われわれの時代の災害復興は、再び家郷にあって死者を弔うことを可能にするものでありたい。

先年、上梓した『埋もれた都の防災学』は、主に江戸時代ぐらいまでの都市の地盤災害を扱っていた。その続編として、主に明治以降を対象としたのが本書である。そこで、同じ京都大学学術出版会の学術選書シリーズの一冊として、企画された。本書の出版にあたっては、京都大学学術出版会の永野祥子氏と大橋裕和氏に、査読の段階から出版にいたるまで大変にお世話になった。本書の意図が成功しているとすれば、続編という無理な企画を受け入れていただいた京都大学学術出版会と編集者諸氏の手腕のおかげである。ありがとうございました。

■人名

［ヤ行］

［ラ行］

［ワ行］

［ハ行］

［マ行］

［ナ行］

［タ行］

索引（事項・人名）

■事項

釜井　俊孝（かまい　としたか）

京都大学防災研究所教授。

1957年東京都生。1979年筑波大学卒業（地球科学専攻）。1986年日本大学大学院修了（地盤工学専攻）。民間地質調査会社、通産省工業技術院地質調査所、日本大学理工学部土木工学科助手・専任講師・助教授、京都大学防災研究所助教授などを経て現職。博士（工学）。


【主な著書】

『埋もれた都の防災学―都市と地盤災害の2000年』（京都大学学術出版会、2016年）、『宅地崩壊―なぜ都市で土砂災害が起こるのか』（NHK出版、2019年）、他論文報告多数。

宅地の防災学

——都市と斜面の近現代

学術選書 090

2020年4月30日　初版第1刷発行

著　　者…………釜井 俊孝
発 行 人…………末原 達郎
発 行 所…………京都大学学術出版会
京都市左京区吉田近衛町69
京都大学吉田南構内（〒606-8315）
電話（075）761-6182
FAX（075）761-6190
振替 01000-8-64677
URL http://www.kyoto-up.or.jp

印刷・製本…………㈱太洋社
装　　幀…………鷺草デザイン事務所

ISBN 978-4-8140-0252-8
定価はカバーに表示してあります

学術選書［既刊一覧］

＊サブシリーズ　「心の宇宙」→ 心　「諸文明の起源」→ 諸
「宇宙と物質の神秘に迫る」→ 宇